과학, 사춘기를 부탁해

과학, 사춘기를 부탁해

초판 1쇄 2018년 10월 5일
초판 4쇄 2021년 10월 1일

지은이 오윤정
일러스트 원혜진

책임편집 양선화
마케팅 강백산, 강지연
디자인 이정화

펴낸이 이재일
펴낸곳 토토북
주소 04034 서울시 마포구 양화로11길 18, 3층 (서교동, 원오빌딩)
전화 02-332-6255
팩스 02-332-6286
홈페이지 www.totobook.com
전자우편 totobooks@hanmail.net
출판등록 2002년 5월 30일 제10-2394호
ISBN 978-89-6496-386-9 43400

· 잘못된 책은 바꾸어 드립니다.
· '탐'은 토토북의 청소년 출판 전문 브랜드입니다.
· 이 책의 사용 연령은 14세 이상입니다.

과학, 춘사기를 부탁해

● 오윤정 지음
● 원혜진 그림

티움

나의 나무 아래서

시간이 멈춘 듯, 이곳은 좀처럼 변하지 않는다. 엄마와 다투고 홧김에 현관문을 박차고 나와 무작정 찾아온 할머니 댁. 수년 만인데도 마치 어제 다녀간 것처럼 예전 그대로이다.

간밤에 잠이 설어서일까. 아침 일찍 마을 뒷산에 올라 내가 태어나던 날 할아버지, 할머니가 함께 심었다는 '나의 나무' 앞에 섰다.

"힘들거나 속상한 일 있을 때는 네 나무를 찾거라. 훗날의 네가 길을 알려 줄 게다."

언제쯤이면 아름드리나무가 되려나? 나의 나무 아래에서 휴대 전화를 만지작거린다.

그때!

휴대 전화에 뜬 짧은 메시지.

"나는 네가 궁금한 것을 모두 알고 있어. 나는 훗날의 너이기 때문이지."

그날 이후, 나에게는 나를 이해하는 내가 생겼다.

차례

7장
사랑이 어떻게 변하니!
××× 사랑과 연애

1장

어느 날
내가
낯설어졌어

× × ×

이차성징

어느 날 갑자기 내 몸이 낯설어졌어.

내 몸에 생기는 변화가 정말이지 낯설어.

책도 보고 동영상도 보고 학교에서 교육도 받았지만,

보거나 듣기만 하는 것과 직접 겪는 것은 많이 달라.

내 몸을 내가 어떻게 받아들여야 할까?

내 몸이 변하기 시작했다!

기억이 생생하군. 너에게, 그러니까 수십 년 전 나에게 사춘기가 찾아온 거야. 당황스럽고 어쩐지 유쾌하지 않았던 기분이 지금도 생생해!

사춘기는 갑자기, 난데없이 찾아오는 것처럼 보이지만 사실은 그렇지 않아. 여성에게는 월경, 남성에게는 몽정 같은 충격적인 현상으로 드러나기 때문에, 꼭 '사건'이나 '사고'처럼 느껴지지. 하지만 네 몸은 이러한 징후가 나타나기 훨씬 전부터 사춘기를 차근차근 준비하고 있었어.

기억을 되살려 볼까? 네 몸이 전과는 다르다거나 이상하다고 느낀 첫 번째 변화나 사건이 뭐야? 이전에는 없던 것이 생겨나거나 있던 것이 갑자기 변하는 거 말이야. 이 질문에 거의 모든 청소년들이 유방 발육(여성), 고환 성장(남성), 음모 발현을 꼽아. 생물학에서는 이런 변화를 이차성징(二次性徵, secondary sexual character)이라고 불러. 이때 '성징'이란 남녀, 즉 성별에 따라 생기는 형태, 행동, 색채 등의 차이야.

성징은 일차성징과 이차성징으로 나뉘지. 일차성징은 태어나면서 남자와 여자를 구분할 수 있는 외부 생식기의 차이를 가리켜. 다섯 살 때던가, 네가 했던 말처럼 "남자는 뾰족하고 여자는 동그랗게 생긴" 그 생김새 말이야. 이차성징은 성호르몬으로 인해 생식 기능과 관련된 신체 부위가 급속하게 자라고, 이에 따라 남성과 여성의 외모 차이가 분명해지는 것을 말해. 말하자면 이차성징에 의하여 남성은 남성답게, 여성은 여성답게 변하지. 그리고 더 본질적으로는 생식하기에 적당한 몸으로 변화하여 아기를 만들 수 있게 돼.

성호르몬이 분비되어 몸에 퍼지기 시작하면 신체는 변화에 변화를 거듭해. 여성의 몸부터 살펴볼까? 여성이 사춘기가 시작되었음을 알리는 첫 신호는 유방의 발육이야. 밋밋하던 가슴이 젖멍울이 생기면서 입체적으로 변하지. 욱신거린다, 따끔따끔하다, 쑤신다, 그냥 아프다, 멍이 든 것 같다…… 개인에 따라 느낌 표현이 조금씩 다르지만, 대부분 젖꼭지를 중심으로 가슴에 통증이 생기고 통증이 있는 부위에서 단단한 멍울이 만져져.

유방이 자라고 6개월가량 지나면 음모가 나기 시작하고, 1년 정도 뒤에는 유륜(젖꼭지) 둘레의 색이 짙어져. 유방이 자라는 건 여성 호르몬 가운데 하나인 에스트로겐 덕이야. 에스트로겐은 가슴뿐 아니라 자궁도 성장하게 한단다. 또한 신체 내 지방을 다시 배열하여 가슴과 엉덩이를 풍만하게 만들지.

남성 이차성징은 고환에서 첫 징후가 나타나. 남성의 주요 생식기는

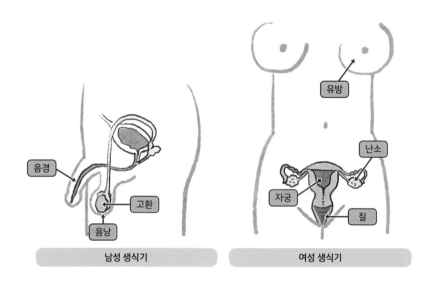

남성 생식기 / 여성 생식기

음경, 음낭, 고환이야. 음경은 소변과 정액을 배설하는 요도를 감싸고 있는 부위이고 길죽하게 생겼어. 음낭은 음경 아래에 있는 두 개의 주머니야. 음낭 안에 알맹이처럼 생긴 고환이 들어 있지.

남성은 대개 만 11~12세가 되면 고환의 크기가 커지기 시작해. 왼쪽, 오른쪽 중에 한쪽이 먼저 자라는 경우가 많아서 처음에는 대칭이 안 맞기도 해. 이것 때문에 혼자 끙끙 고민하는 남자아이들이 좀 있지. 소변을 보다가, 또는 샤워를 하다가 음낭이 불룩해진 것 같아서 자세히 보았더니, 세상에, 짝짝이라면 얼마나 놀라겠어? 왜 음낭이 불룩해지냐고? 음낭 안에 든 고환이 커졌기 때문이야.

고환이 성장하기 시작하고 6~12개월이 지나면 음경도 커져. 곧이어 몸에 털이 나고 음낭과 음경의 색이 거무스름해지면서 짙어지지. 곧 고환이 정자를 만들어 내면서 처음으로 몽정이 나타난단다.

 ## 밤이면 밤마다, 한 달에 한 번씩

여성은 가슴이 발육하고 2년쯤 지나면 첫 번째 월경인 초경이 나타나. 여성의 월경 주기는 21~35일, 평균 28일이라고 배웠을 거야. 그런데 이와 같은 월경 주기는 월경이 안정되고 난 이후에 알 수 있어. 초경을 하고 꽤 오랫동안 월경이 매우 불규칙하기 때문이지. 거의 종잡을 수 없을 정도야.

또한 초경 후 1~2년 정도는 월경을 해도 배란이 거의 이루어지지 않고, 배란이 되어 수정이 가능해져도 임신 확률이 그다지 높지 않아. 주목할 것은 만약 이 시기에 임신을 하면 유산과 합병증이 나타날 비율이 매우 높다는 사실이야. 보통 초경을 하고 대략 5년은 지나야 정상적인 임신과 출산이 가능하다고 해.

남성은 음경이 커지면서 음낭과 음경의 색이 짙어지면 얼마 지나지 않아 고환이 정자를 만들어 내기 시작해. 이때 처음으로 몽정이 나타나. 몽정은 자다가 사정을 하는 걸 가리키는데, 의학에서는 야간유정이라는 용어를 써. 사정은 남성의 생식기에서 정액이 배출되는 현상이잖아. 그러니까 첫 몽정은 마치 초경만큼이나 당황스럽게 마련이야. 팬티가 축축하게 젖어 잠을 깨다니, 유쾌할 수가 없잖아? 대체로 13~14세에 처음으로 의식적인 사정이 일어나지만 정자는 미성숙한 상태야. 미성숙한 정자가 생식 기능을 갖고 있는지는 아직 정확하게 밝혀지지 않았어. 15~16세가 되면 임신이 가능할 만큼 정자가 성숙하지.

이차성징을 먼저 설명했지만, 사실 사춘기가 시작되는 첫 신호는 신장과 체중의 급격한 변화야. 이전에 비하여 키가 큰 폭으로 자라고 몸무

나, 준비됐어요!

청소년을 뜻하는 영어 adolescent는 'to grow'를 뜻하는 라틴어 adolere에서 온 단어로 성숙한 사람이 되어 간다는 의미이다. 또한 사춘기를 뜻하는 puberty는 털이 많아진다는 뜻의 pubertas에서 유래한 것으로 알려져 있다. 두 표현 모두 아동기에서 성인기로 이행한다는 의미, 아동기와는 다르다는 의미를 담고 있다.

사춘기의 본래 의미는 이차성징을 통하여 상징적으로 드러난다. 이차성징의 핵심적 의미는 성적(性的, sexual)으로 준비되었다, 또는 성적으로 열심히 준비하고 있다는 것이다. 즉, 조건과 상황이 만족된다면 아기를 만들 수 있는 능력을 갖추었음을 뜻한다. 진화생물학자들은 성행위는 어떤 개체가 자신의 유전자를 후대에 물려줄 수 있는 유일한 방법이자 행위이고, 이차성징은 자신의 유전자가 건강하고 우수하다는 것을 내세우기 위한 일종의 홍보 수단이며, 같은 종(種, species)의 개체들에게 보내는 몸의 신호라고 규정한다.

진화생물학자들이 주장하는 이차성징의 의미를 요약하면 다음과 같다. 첫째, 나는 성적으로 성숙한 남성 또는 여성이에요. 둘째, 나는 좋은 유전자를 보유하고 있어요. 셋째, (그러므로) 나는 후대에 좋은 유전자를 물려줄 수 있는 최고의 상대랍니다.

이러한 견해를 그대로 받아들이지 않더라도 이차성징이 성적으로 성인이 되었음을 의미하는 것은 사실이다. 남성은 근육과 뼈대가 발달하면서 남성다워지고, 여성은 체지방이 발달하면서 여성다워지며, 둘 다 외형적으로 신체가 성인에 가까워지기 때문이다.

게도 크게 늘지. 이것을 과학 용어로는 신체 급등(growth spurt)이라고 해. 인간은 출생하여 첫 6개월 동안 매달 평균 2.5cm, 7~12개월까지 매달 1.5cm가 자라. 평균 신장 48~53cm의 신생아(생후 4주까지의 아기)가 만 1세에는 평균 75cm가 되니 1년 만에 무려 신장이 1.5배가 되는 셈이야. 이후 아기는 날마다 성장을 거듭하지만 신장의 성장률은 둔해져. 그러다 급격히 상승하는 시기가 나타나는데, 바로 사춘기의 시작이야.

아동기(대략 초등학생 시기) 남녀는 해마다 평균 5cm 정도 성장하지만 사춘기에는 남성이 10cm, 여성이 8cm 정도나 성장해. 최근 통계 자료에 따르면, 개인마다 차이는 있지만 대체로 키가 가장 빨리 자라는 시기는 남성은 11~13세, 여성은 9~12세 사이야.

신체의 급격한 변화는 팔과 다리, 손, 발, 얼굴 등 온몸에서 일어나. 그중 얼굴을 집중적으로 살펴볼까? 붉고 통통하던 뺨은 젖살이 빠지고, 이마는 넓어지면서 높아지고, 아래턱과 코는 길어져. 입술이 도톰해지고 입은 커지지.

그런데 문제는 이런 변화가 동시에 균형 있게 일어나지 않을 수 있다는 거야. 아니, 오히려 부위마다 제멋대로 자라는 경우가 더 많아. 예를 들면 이마는 넓어지고 아래턱은 길어졌는데 코는 아직 길어지지 않을 수도 있어. 팔다리와 손발도 마찬가지야. 심할 경우, 팔이 급격히 자라는 시기와 다리가 급격히 자

⋯? 성장통

엉덩이 관절, 허벅지, 무릎, 종아리가 쑤시고 당기고 아픈 증상이다. 뼈, 근육, 힘줄, 인대, 혈액에 모두 이상이 없는데도 통증이 발생하며 원인이 정확하게 밝혀져 있지 않다. 낮보다 밤에, 신체 활동을 많이 한 날에 더 많이 발생하는 것으로 알려져 있다. 성장 과정에서 나타나는 자연스러운 증상이며 질병이 아니므로 대개 특별한 치료를 하지 않아도 되지만, 심하게 아프다면 잠자리에 들기 전 따뜻한 물에 온몸을 담그거나, 찜질과 마사지 등으로 통증을 완화시키는 것이 좋다.

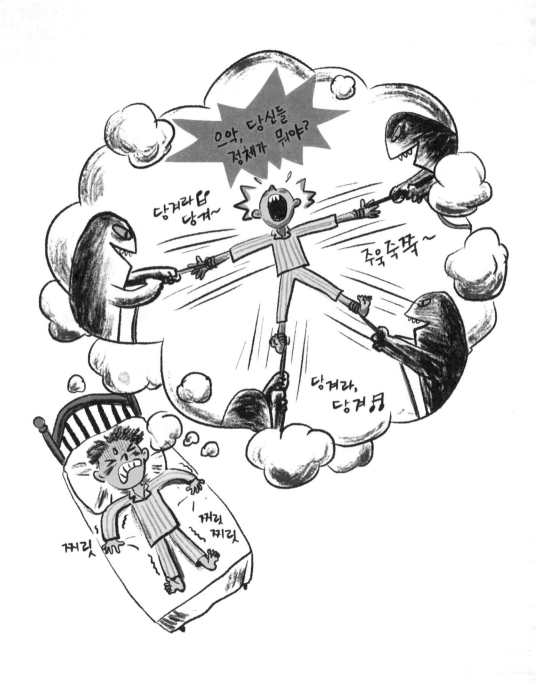

라는 시기가 다르기도 해. 이러한 신체 성장의 불일치 현상은 여성보다 남성에게서 자주 나타나. 아역 배우나 아이돌 스타가 성장기를 거치면서, 예상했던 모습으로 자라지 않으면 '역변(逆變)'했다고들 하는 경우가 있잖아. 또는 학급에서 가장 작고 비리비리했던 남학생이 '훈남' 청년으로 다시 태어나기도 하고 말야.

키가 컸으니 몸무게가 느는 것은 당연한 일이겠지? 인간은 태어나서 3~4개월 동안 출생 시 체중의 2배, 생후 1년까지 3배로 늘어나고, 이후 체중 증가율이 낮아져. 그러다 사춘기에 이르면 키가 급격하게 자라는 만큼 체중도 빠르게 증가해.

체중의 성장 급등기는 여성은 10~11세, 남성은 12~13세야. 키가 자람에 따라 뼈, 근육, 지방은 물론이고 심장, 폐, 간과 같은 신체 기관의 크기도 커지지. 다만, 남성은 근육 조직이 빠르게 성장하는 반면, 여성은 체지방이 급격하게 증가해. 이에 따라 사춘기가 끝날 무렵이 되면 남성은 근육 대 지방의 비율이 3:1, 여성은 5:4가 된단다. 즉, 사춘기를 거치면서 남성의 몸은 단단해지고 여성의 몸은 부드러워지는 셈이야.

 ## 나는 빠른 걸까, 늦은 걸까

너는 어려서부터 작다고 놀림을 많이 받았어. 지금도 몸에 변화가 나타나고는 있지만 늘 친구들보다 늦은 편이야. 어른이 되어서도 지금처럼 작을까 걱정이라고?

몇 년 전, 아니 너에게는 먼 미래겠지만, 유명 여배우가 한 인터뷰에서 자신의 사춘기에 대해 잠깐 언급한 적이 있어. 키가 170cm가 넘는 그녀는 이미 초등학교 6학년 때 지금의 키가 됐다고 해. 그래서 또래들 사이에 "저 아이, 사실은 스무 살이래." 하고 소문이 돌았다면서 웃더라.

이차성징은 평균적으로 여성은 10~11세, 남성은 12~13세부터 나타나지만, 개인에 따라서는 평균보다 무척 일찍 시작되거나 늦게 시작되기도 해. 일반적으로 유전, 영양, 건강 상태, 체중 등에 따라 사춘기의 시작 시점이 달라진다고 알려져 있어. 과학자들은 사춘기의 시작 시점이 유전자 안에 프로그램화되어 있고 이것이 내분비 기관에 영향을 주어서 사춘기를 시작하라고 지시하지만, 개인의 영양 상태나 건강과 같은 환경적 요인도 적지 않은 영향을 미친다고 주장하지.

사회적·과학적으로 더 많은 관심을 받는 사춘기의 시작 신호는 여성의 초경이야. 사정이 시작된 뒤 생식 능력이 지속되는 남성과 달리 여성은 폐경(월경이 끝나는 현상)이 있고, 이에 따라 가임기가 정해지기 때문이야. 임신과 출산은 인류에게 매우 중요한 사안이니까 크게 관심을 갖는 거지.

여성이 초경을 하는 나이는 여러 요인에 따라 달라져. 가장 먼저 유전적인 요인을 들 수 있어. 쉽게 말해 엄마가 일찍 초경을 시작했다면, 딸도 일찍 초경을 시작할 가능성이 높아. 다음은 경제적·사회적 요인이야. 생활 환경과 영양 상태가 좋을 경우, 초경이 늦어질 가능성은 대체로 낮아. 반면 영양 상태가 나쁘거나 신체 활동을 과도하게 할 경우에는 초경이 늦어져. 예컨대 중요한 경기를 준비하거나 고된 육체노동을 할 경우에 그렇지.

전 세계적으로 여성의 초경 시기가 빨라지고 있다는 거 아니? 조사에 따라 정확한 수치는 차이가 있지만 100년 사이에 약 5년이나 앞당겨졌다고 보고되고 있어. 우리나라의 경우 1920~1985년에 출생한 여성들을 대상으로 한 조사에서 초경 연령이 16.9세에서 13.8세로 꾸준히 빨라지는(매년 약 0.68년씩) 추세를 보였어. 현재 전 세계적으로 여성의 초경 연령은 평균 12~13세로 알려져 있어.

여성의 초경에 영향을 주는 또 다른 요인은 체중이야. 초경은 대부분 체중이 45~47kg일 때 시작되고 월경이 지속되려면 체중의 16~18%가량이 지방으로 구성되어야 해.

사춘기의 시작은 개인의 힘으로 앞당기거나 늦추기 어려운 현상이지만, 또래에 비하여 지나치게 빠르거나 늦으면 부담감을 가질 수밖에 없어. 너무 빨리, 또는 늦게 자라면 눈에 띄어서 친구들이 놀릴 텐데. 더 이상 자라지 않으면 어쩌지? 별별 걱정을 다 하지.

그렇다면 사춘기가 빨리 시작되면 어떤 일이 벌어질까? 결론부터 말하면 신체 급등, 이차성징, 성적 성숙과 같은 신체 변화에 적응할 시간적·경험적 여유가 부족하기 쉬워. 또래 집단 안에서 가장 먼저 신체가 성장하기 때문에 간접 경험의 기회가 부족하고, 친구와 비슷한 고민을 나눌 기회도 부족하지. 초경의 어색함과 불안감에 신경이 곤두서고, '친구 사이에서 나만 겪은 일'이 되어 버릴 수도 있어.

그나마 여성은 초경에 대한 준비와 교육이 반복적으로 이루어지지만 남성은 대응책을 배우지 못하고 성적 성숙을 맞는 경우가 여전히 많아. 특히 자연적 현상인 사정과 몽정에 대해 전혀 배우지 못하고 사춘기를 맞기도 해.

여러 조사에 따르면 부모(특히 아버지)에게 사정에 대한 교육을 받은 적이 있는 사춘기 남성은 극소수이고, 교사나 책을 통하여 정보를 입수하는 경우도 그리 흔하지 않아. 믿을 만한 어른이나 전문가에게서 성적 성숙에 대한 정보와 지식을 얻는 것이 아니라, 인터넷과 대중 매체를 통해 무분별하게 받아들일 가능성이 크지. 또는 자기와 마찬가지로 경험이 부족한 또래와 정보를 나누는 게 고작이야. 이 경우에 자칫 성에 대한 고정관념을 가질 수 있으니 조심해야 해.

빨라도 걱정, 늦어도 걱정

그런데 남성에게는 빠른 사춘기가 꽤 유리하기도 해. 이른바 '남자다움'을 포함해 또래 집단과 사회가 높게 평가하는 신체 조건과 운동 기능이 같이 성숙해지기 때문이지. 쉽게 말해 나이에 비해 훤칠하고 튼튼하고 힘이 세면 사회와 또래 사이에서 쉽게 인정받을 수 있어.

이런 측면에서 조숙한 남성은 지도자 역할을 맡기 쉽고 인기가 있어. 물론 사춘기가 마무리되고 신체 성장이 완료된 이후에는 상황이 완전히 변할 수도 있단다. 실제로 또래 중에서 키가 가장 컸던 남성이 나중에는 가장 작은 남성이 되는 일이 일어나기도 하니까.

이렇게 조숙한 남성이 또래 집단에서 인정받기 쉬운 반면, 조숙한 여성은 상대적으로 어려움을 겪을 우려가 높아. 여성은 이차성징 과정에서 체중과 체지방이 증가하는데, 또래보다 일찍 이차성징이 시작될 경우 뚱뚱하다는 오해를 받을 수 있어. 이차성징으로 인한 체중 증가와 여성적인 몸매(둥근 체형)일 뿐 비만이 아닌데도 말이지. 이럴 경우 사춘기 여성은 불필요한 다이어트를 시도하거나 자신의 신체에 대해 부정적인 인식을 가질 가능성이 높아. 몸집이 크고 뚱뚱한 여자에 대한 사회적 편견에 더 일찍 노출되는 거야. 더욱이 초등학생일 경우에는 화장실 사용이나 체육 시간의 여러 활동에서 관심 대상이나 놀림거리가 되기도 해. 이런 불편함은 남들에게는 사소해 보이지만 당사자에게는 '죽고 싶을 만큼 창피한' 일의 반복이 될 수도 있어.

마지막으로 사춘기가 너무 이르게 오면 남성과 여성 모두 음주, 흡연, 성관계 등 성인 행동을 상대적으로 일찍 시작할 확률이 높아져. 정신적·정서적으로 더 성장해야 하고 신체적으로도 성장을 마무리하지 못했는데도, 외모가 어른과 비슷해서 유혹과 위험에 노출되기 쉽다는 뜻이야.

반대로 사춘기가 늦게 오면 어떨까? 사춘기가 늦은 남성은 그렇지 않은 남성보다 불리한 측면이 많아. 신체 성장이 더딘 남성은 일반적으로 또래 집단에서 지도자가 되는 일이 드물어. 탄탄한 골격과 큰 키의 남성을 선호하는 사회·문화적 취향 때문에 존중받기 어렵고. 그래서 상대적으로 열등감을 갖기 쉽지.

그렇다면 신체적 성숙이 늦거나 체격이 작은 사춘기 남성은 어떻게 해야 할까? 만일 자신이 성장이 더디거나 비교적 왜소한 사춘기 남성이라면 우선 특정 분야의 재능이나 실력, 성실성 등 자신의 장점을 찾아 자아 존중감을 높이라고 조언하고 싶어.

그리고 아직 실망하기는 이르단다. 최근 중·고등학교 시절의 인기 남학생, 이른바 킹카는 성공할 확률이 상대적으로 낮다는 연구 결과가 나왔어. 연예인이라는 특수 직종을 제외한 경제, 정치, 학문, 예술, 종교 등 사회의 여러 분야를 차분히 돌아보렴. 사회적으로 존경받는 성인 남성 가운데 학창 시절에도 킹카였던 남성이 얼마나 될 것 같아?

반면 상대적으로 사춘기가 늦게 찾아온 여성은 또래 집단 안에서 인기를 얻는 경향이 있다고 해. 성적(性的)으로 눈에 띄지 않아 곤란을 겪는 일도 드물고. 외모는 작고 여리지만 지적으로 우수하고 명랑할 경우에는 흔히 지도자로 선택되고 대체로 평판도 좋지. 또한 또래 남성들과도 잘 어울려.

 ## 네 몸은 나쁘지 않아!

머리로는 이해하지만 그래도 네 몸이 마음에 들지 않는다고? 나는 왜 이렇게 생겼을까, 훗날에는 어떤 모습일까 날마다 생각한다고? 당연하지.

사춘기는 인간이 일생에서 자신의 신체에 가장 많은 관심을 보이는 시기야. 발달심리학자 클로센(J.A. Clausen)은 사춘기 동안 청소년은 자신의 신체적 변화에 많은 관심을 보이고 신체에 대한 이미지, 즉 '신체상'을 형성한다고 말했어. 신체상(Body Image)이란 자신의 신체에 대한 감각, 느낌, 태도 등을 포함하는 상징으로 체험적이고 경험적인 인식이야. 쉽게 말해, 내 몸이 어디가 어떻게 생겼다는 것, 그래서 내 몸이 괜찮거나 그저 그렇거나 마음에 안 든다는 데까지 이르는 인식이란다.

청소년이 형성하는 신체상은 신체적 매력에 대한 사회·문화적 기준과 관련이 깊어. 그리고 매력적인 신체에 대한 기준은 사회 전체, 대중 매체, 또래 집단, 가족에 의해 매우 교묘하고 은밀한 방식으로 전달되지. 예컨대 조금만 많이 먹어도 "이렇게 먹으면 뚱뚱해지고 뚱뚱해지면 공부를 아무리 잘해도 소용없어, 여자든 남자든 뚱뚱하면 끝장이야."라고 부모가 말한다면, 자녀는 날씬한 체형을 중요한 기준으로 삼을 수밖에 없어.

신체상은 자신을 인식하면서 형성되기도 하지만, 그보다는 다른 사람과 비교되면서 형성되는 경우가 더 많아. 자신이 키가 작은 편이라거나 마른 체형이라는 인식은 결국 친구를 포함한 다른 사람과의 비교를 통해 얻은 결과인 셈이지.

그중에서도 가장 강력한 비교는 역시 대중 매체를 통한 비교야. 대중 매체는 사춘기의 신체상에 너무나 큰 영향을 미치는 요인이야. 부모님이 생각하는 매력적인 신체의 기준 역시 대중 매체의 영향에서 자유롭지 못해. 대중 매체가 여성에게는 예쁜 얼굴과 날씬하고 굴곡 있는 몸매를, 남성에게는 큰 키와 근육질의 체격을 요구하면서 많은 청소년들이 긍정적인 신체상을 갖기가 더욱 어려워졌어.

걱정스러운 점은 사춘기에 자신의 신체에 대해 민감한 만큼 신체상이 왜곡되기 쉽다는 거야. 많은 청소년이 연예인의 외모를 매력적인 신체의 기준으로 받아들이고 심지어 따라하기도 해. 특히 여성 연예인들의 매력적인 신체는 어지럼증, 실신, 탈모, 무월경을 동반할 만큼 극단적인 다이어트를 감행하여 '일시적으로' 얻는 신체적 상태야. 인터넷에서 '연예인의 입금 전, 입금 후 비교 사진' 같은 것 본 적 있지? "하루 세 끼 다 먹으면 살찐다.", "드레스를 입을 때는 철저히 굶는다.", "촬영하

다 다친 날에도 체육관에 갔다."라는 식의 이야기도 들어 봤을 거고. 연예인들은 직업적 특성 때문에 자신의 신체를 매우 혹독하게 관리하는 거야. 함부로 따라하거나 부러워할 일이 아니라고.

자신의 신체를 어떻게 인식하느냐를 의미하는 신체상이 중요한 이유는 '나는 누구인가'를 만들어 내는 바탕이 되기 때문이야. 사람은 누구나 저마다의 아름다움을 가지고 있다는 말, 어쩌면 흔하디흔해서 가치가 없어 보일지도 모르겠다. 그럼 이보다는 현실적이고 실용적인 관점에서 얘기해 볼게.

청소년이 자신의 신체를 얼마나 매력적으로 느끼는가는 자신감이나 자아존중감과 관련이 깊어. 자신을 긍정적으로 평가하는 청소년은 나쁜 행동을 할 가능성이 낮지. 이것은 장기적인 측면에서 청소년 자신에게 매우 유리해. 자신감과 자아존중감이 높은 청소년은 사회적으로 적절하고 자신에게 유익한 행동을 할 가능성이 높고 그런 행동들은 사회와 또래 집단의 인정을 이끌어 내지. 그러한 인정은 다시 긍정적인 자기 평가로 이어져. 이렇게 자신의 신체에 대한 긍정적 평가는 계속해서 좋은 흐름으로 이어지는 선순환을 불러온단다. 그러니 자신의 신체 중에서 장점을 찾아내고 그 장점을 키우는 편이 좋아. 단점이나 부족한 점을 감추려고 애쓰는 것보다 훨씬 탁월한 방법이지.

졸려
졸려
졸리다고!!!

× × ×

수면 패턴

잠이 오지 않아. 마음이 어수선해서일까. 아니, 아니야.

언제부터인가 나는 항상 늦게 자고 늦게 일어나.

그 바람에 거의 매일 지각을 하고.

교문 앞까지 달릴 때마다 후회해. 어제 일찍 잘걸…….

그러나 밤이 되면 다시 원점. 일찍 자겠다는 결심은 온데간데

없이 사라져 버려. 내가 정말 왜 이럴까?

나 혹시 어른 되어서도 지각해?

날마다 지각 전쟁

내가 너에게 절대 해서는 안 되는 일. 그것은 미래를 알려 주는 일이야. 하지만 지금부터 내 설명을 잘 따라온다면, 네가 앞으로 지각을 할지 안 할지, 지각을 한다면 언제까지 할지 알 수 있을 거야.

우선 청소년기에 늦잠을 자는 것, 정확하게는 늦게 자고 늦게 일어나는 것이 자연스러운 신체 현상이라는 사실부터 알려 줄게. 근 20여 년동안 과학자들이 알아낸 바에 따르면, 청소년기에는 수면 시간이 뒤로밀리는 수면위상지연증후군(또는 지연성 수면위상증후군)이 나타나. 잠드는 시간이 뒤로 밀리니 잠에서 깨는 시간이 뒤로 밀리는 것은 당연한 결과일터. 따라서 늦게 자고 늦게 일어나게 되지.

인간은 연령에 따라 수면 시간의 양과 패턴이 변해. 수면 시간의 양에 대한 가장 최근의 대규모 연구는 2015년 미국 수면재단(National Sleep Foundation)의 연구로, 연령대별 권장 수면 시간을 새롭게 발표했어. 쉽게말해, 이 나이에는 이 정도로 자는 게 좋다는 기준이지. 해부학, 생리학,신경학 등 광범위한 분야 전문가들의 연구 결과를 종합해서 내놓았대.

그 연구에 따르면, 신생아(0~3개월)는 14~17시간, 영아(4~11개월)는12~15시간, 유아(1~2세)는 11~14시간, 미취학 아동(3~5세)은 10~13시간,취학 연령 아동(6~13세)은 9~11시간, 청소년(14~17세)은 8~10시간, 청년(18~25세)과 성인(26~64세)은 7~9시간, 노인(65세 이상)은 7~8시간을 자는 게적당해. 나이를 먹으면 잠이 없어진다는 할머니 말씀이 사실이었다니!

수면 시간의 양뿐만 아니라 잠이 드는 시간, 잠을 자는 패턴도 연령에 따라 변한단다. 갓 태어난 아기는 하루에 14~17시간이라는 긴 시간을 토막토막 나누어 자. 자다 깨서 모유나 우유를 먹고 조금 깨어 있다가 다시 자고 또 깨어나서 끼니를 해결하고 잠시 깨어 있다가 다시 자기를 반복하지. 그러다 점차 잠자는 시간이 줄어들고 자는 시간도 규칙적으로 변해. 동화책 읽기나 자장가 부르기처럼 잠들기 위해서 누군가의 도움을 필요로 하는 시기(3~6세)를 지나, 잘 시간이 되면 저절로 잠이 드는 시기(6~13세)가 찾아와. 엄마 아빠, 할머니 할아버지, 이모 삼촌 들이 한참 동안 너를 안고 업고 재우느라 고생했던 일, 네가 똑같은 동화책을 열 번 넘게 읽어 달라 보채던 일도 모두 나이에 따른 수면 패턴 때문이었다고!

그러다 갑자기 늦게까지 잠을 자지 않는 시기가 찾아오잖아. 그게 바로 사춘기에 해당하는 12~13세부터 고등학생 때까지야. 수면 패턴이 어떻게 바뀌느냐고? 아침이면 잠이 쏟아져 정신을 차릴 수 없고 해가 저물면 정신이 맑아지고 눈이 말똥말똥해져. 어때, 지금 네 상태랑 똑같지?

청소년기의 수면 패턴이 아동기나 성인기와 다르다는 사실이 밝혀진 지는 사실 그리 오래되지 않았어. 대략 1990년대 후반부터 청소년의 수면 패턴이 독특하다는 연구 결과가 발표되기 시작했거든. 그 전까지 청소년의 늦잠은 밤늦게까지 쓸데없는 행동을 해서이거나 그냥 게을러서라고 치부됐지. 그러니까 청소년 개인이 정신 차리고 노력하면 고칠 수 있다고 여겼어.

그런데 말이야, 정말 그럴까? 노력하면 일찍 자고 일찍 일어날 수 있을까?

잠 많이 잔다고 게으른 걸까?

인류는 늘 잠에 대하여 관심을 가져 왔어. 그러다 에디슨이 전구를 발명한 이후 더 많은 관심을 갖게 됐지. 전구가 발명되기 전에는 해가 뜨면 일터에 나가고 해가 지면 집에 돌아와 잠을 자야 했지만, 전구로 인해 대낮처럼 밝은 밤이 가능해지면서 일할 수 있는 시간이 늘어났기 때문이야.

그동안 과학자들은 적당한 수면 시간, 수면의 원리와 메커니즘, 수면의 기능 등 잠에 대하여 연구해 왔어. 특히 잠이 건강이나 수명에 미치는 영향을 탐구했는데, 여기에는 잠을 효율적으로 통제하려는 의도도 숨어 있지.

잠은 대표적인 휴식 방법이지만 다른 한편으로는 게으름, 나태, 태만의 상징처럼 다뤄져 오기도 했어. "일찍 일어나는 새가 먹이를 잡는다(The early bird catches the worm)."라는 외국 속담 들어 봤지? 여기서 일찍 일어난다는 것은 충분히 자고 제때 일어난다기보다는 잠을 적게 잔다는 뜻에 더 가까워. 그렇다면 대체 얼마나 자야 충분히 잔 것일까? 도대체 언제 얼마나 자고 언제 일어나야 정상인 것일까?

연령에 따른 권장 수면 시간의 양은 앞에서 소개한 연구 결과를 참고하면 될 거야. 다만 이 결과는 평균 수면 시간일 뿐, 모든 사람에게 똑같이 적용되지는 않는다는 걸 명심해. 권장 수면 시간의 양은 개인마다 차이가 있거든.

잠이 들고 깨는 시간에 따라 수면 패턴을 분류하면 대략 네 가지로 나눌 수 있어. 아침 수면형, 저녁 수면형, 낮잠형, 일반형! 이른 밤(대략 오후 10시 전후)에 잠들어 새벽(오전 4~6시 이전)에 잠에서 깬다면 '아침 수면형'에 속해. 주목할 것은 이러한 아침 수면형과 단시간 수면형이 거의 일치한다는 사실이야. 발명왕 에디슨, 강철왕 카네기, 철의 여인 마거릿 대처 등이 대표적인 단시간 수면형이자 아침 수면형이라고 알려져 있지. 카네기는 "아침잠은 인생에서 가장 큰 지출"이라고 말했고, 에디슨은 잠자는 시간이 아까워 전구를 발명했다는 일화가 있을 정도야.

반면 밤늦게(보통 자정 이후) 잠들어서 아침 늦게(오전 7~8시 이후) 일어난다면 저녁 수면형으로 볼 수 있어. 저녁 수면형은 장시간 수면형과 거의 일치해. 하루에 9시간은 자야 개운하다면 장시간 수면형에 속해. 장시간 수면형의 대표 인물로는 아인슈타인을 꼽아. 아인슈타인은 하루에 10시간 이상 잤고 이보다 적게 자면 몹시 몽롱해 했대!

그런가 하면 낮잠을 꼬박꼬박 자야 하는 유형인 '낮잠형'도 있어. 영

단시간 수면형 : 에디슨, 카네기, 대처

장시간 수면형 : 아인슈타인

낮잠의 효용

낮잠은 자연스러운 몸의 반응이다. 인체는 점심을 먹은 뒤 집중력 저하 상태에 빠지는데 이때 45분간 낮잠을 자면 이후 6시간 동안, 60분간 낮잠을 자면 10시간 동안 집중력이 향상된다고 한다. 유럽과 남아메리카 몇몇 국가에서는 점심식사 후 낮잠을 즐기는 '시에스타'를 시행하고 있다.

국 수상 처칠, 미국 대통령인 케네디, 존슨, 레이건, 클린턴, 화가이자 과학자인 레오나르도 다빈치가 낮잠형에 가까웠다고 해. 기록에 따르면 이들은 바쁜 와중에도 꼬박꼬박 낮잠을 잤어. 처칠은 밤늦게까지 일하기 위해 낮잠을 잤고, 존슨은 대낮에도 잠옷으로 갈아입고 30분씩 낮잠을 잤대. 심지어 다빈치는 네 시간에 한 번씩 15분 동안 잔 것으로 기록되어 있어.

연구 결과에 따르면, 대부분 사람들은 7시간 정도 수면을 취하면 피로가 풀리고 적당히 잤다고 느낀다고 해. 앞에서 언급한 성인의 권장 수면 시간과 가장 근접한 수치이자 가장 흔한 수면 패턴이라서 이름도 '일반형'이야. 인구의 90% 이상이 일반형으로 알려져 있어. 단시간 수면형은 인구의 약 1%, 장시간 수면형은 7%, 낮잠형은 그보다 더 드물대.

우리는 잠이 많은 사람은 게으르고 둔하다고 생각하는 경향이 있지. 그러나 수면 전문가들은 '그렇지 않다'고 대답해. 잠은 본능이라서 의지로 극복하는 데 한계가 있고 개인마다 필요한 수면의 양이 정해져 있기 때문이야. 따라서 내 몸이 10시간 수면을 원한다면 10시간을 자야 한다고 과학자들은 조언하지.

우리 제발 자게 해 주세요!

청소년을 비롯한 현대인은 '더 자고 싶다!'와 '잠을 적게 자고 살 수는 없을까?' 사이에서 갈등해. 일생의 약 3분의 1을 자면서 보내는데도 늘 부족한 잠. 인간은 왜 자야 할까?

가장 먼저 잠은 체력을 회복하는 데 직간접적인 도움을 줘. 그리고 뇌를 씻어 내고 정리하는 역할을 하지. 각성 상태(깨어 있는 상태, 의식이 있는 상태)에서 얻은 정보와 지식을 정리하여 버릴 것과 저장할 것을 분류하고 장기 기억을 저장하는 데 핵심적인 역할을 수행해. 또한 수면 중 뇌에서는 파이프 역할을 하는 네트워크가 활짝 열리면서 뇌 스스로 만들어 낸 폐기물(쓰레기)을 처리하고 청소한단다. 이러한 작용이 깨어 있을 때가 아니라 자고 있을 때 일어나는 까닭은 정화 작용에 많은 에너지가 필요하기 때문이야. 깨어 있을 때는 환경에 적응하고 새로운 정보를 처리하느라 에너지를 많이 소비하는 작업을 하기 어렵거든. 공부하거나 작업할 때는 책상을 어지를 뿐, 당장 치우기 어려운 것과 같은 이치야.

이러한 뇌의 작용을 생각해 보면 잠이 부족할 때 얼마나 해로운 영향이 있을지 분명히 알겠지? 잠이 부족하면 체력이 회복되지 않을 뿐 아니라 면역력이 저하되고 건강에 악영향을 미칠 수 있어. 쥐를 이용한 연구를 살펴보면, 쥐는 먹이가 없을 때보다 잠을 자지 못했을 때 빨리 죽는다고 해. 이때 꼬리 여기저기에 염증이 생기는 것으로 보아 면역 체계 이상일 가능성이 높아. 백신을 맞았을 때, 잠이 부족한 사람이 충분히 잔 사람에 비해 긍정적인 면역 반응이 적다는 연구 결과도 있어.

또한 잠이 부족하면 각성 상태에서 입수한 정보와 지식을 정리하지 못하면서 학업이나 업무 효율이 떨어져. 수면 부족은 어린이와 청소년에게 집중력 부족, 특히 산만함을 유발한단다. 성인들은 졸리면 느려지고 무기력해지지만, 어린이와 청소년은 탈진하지 않으려고 활동량을 늘리거나 흥분하는 증상이 나타나거든.

만성적인 수면 부족이 청소년 당뇨의 원인이 될 수 있다고 지적한 연구 결과도 있어. 수면은 신경 내분비계와 포도당 대사를 조절하는데, 청소년이 잠을 충분히 자지 않으면 그 처리 과정이 잘못될 수 있기 때문이란다.

그러나 안타깝게도 청소년의 수면 부족은 세계적인 현상이야. 2015년 미국 질병통제예방센터(Center for Diseases Control and Prevention)는 미국 청소년의 90%가 청소년기 권장 수면 시간에 미치지 못하는 수면 부족 상태라고 발표했어. 세계적으로 가장 권위 있는 수면학술대회인 SLEEP(American Academy of Sleep Medicine and the Sleep Research Society)의 2015년 연례회에서 피츠버그대학교 의과 대학은, 잠이 부족한 청소년은 위험을 낮게 평가하고 보상은 높게 평가하기 때문에 잠재적 위험을 충분히 이해하지 못한다는 연구 결과를 발표했어. 그래서 잠이 부족한 청소년은 잠을 충분히 잔 청소년에 비해 위험한 상황을 정확하게 판단하거나 대처하기 어렵고 심할 경우 위험한 행동을 선택할 가능성이 높아. 또한 16개 중학교의 2,500여 명을 대상으로 한 연구에서는 수면 부족이 알코올 및 대마초 사용과 관련이 있음이 드러났어. 청소년의 수면 시간이 10분 늦어질수록 최근 한 달간 알코올과 대마초를 사용했을 가능성이 4~6% 증가한 것으로 나타났지.

우리나라도 사정이 비슷해. 2015년 을지대학교 의료경영학과와 연세대학교 보건대학원 연구진이 〈2011~2013년 청소년 건강 행태 온라인 조사〉를 바탕으로 청소년의 수면 시간과 자살 행동(자살 생각, 계획, 시도)의 상관성을 분석한 결과를 발표했어. 중학교 1학년생~고등학교 3학년생 19만여 명을 대상으로 실시한 이 대규모 조사에 따르면, 청소년의 수면 시간이 짧아질수록 자살 행동 위험이 높아지는 것으로 드러났어. 1일 수면 시간이 7시간 미만인 청소년은 7시간인 학생에 비해 자살을 생각하는 비율이 1.5배 높았고, 7시간 이상 자는 청소년은 0.6배로 낮았단다.

잠에도 순서가 있다, 렘수면과 비렘수면

과학자들은 잠을 자는 동안 뇌에서 어떤 일이 일어나는지 알아내기 위하여 여러 방법을 사용해 왔어. 최근에는 뇌에 직접 전극을 삽입하거나 MRI 등을 이용하여 뇌의 활동을 확인하기도 하지만 가장 대표적인 방법으로는 뇌파를 이용하는 뇌전도(EEG, electroencephalogram), 근육의 움직임에 의해 발생하는 전기 신호를 이용하는 근전도(EMG, electromyogram), 안구의 움직임을 나타내는 전기 신호를 사용하는 안구 전위도(EOG, electrooculogram)가 있어. 이 세 가지 방법을 종합하면 수면 동안 일어나는 뇌와 신체의 변화를 거의 파악할 수 있어. 그중에서도 수면의 단계를 구분하는 방법으로는 뇌전도를 가장 많이 사용하지.

뇌전도가 보여 주는 뇌의 활동은 뇌파의 형태로 나타나. 깨어 있는 상태, 즉 각성 상태에서 발생하는 뇌파는 베타파라고 해. 베타파는 진폭이 작고 주파수(1초 동안 진동하는 횟수)가 높아. 그러다 잠이 들기 시작하면 뇌의 활동이 서서히 감소하면서 뇌파의 진폭이 점점 커지고 주파수가 감소해. 베타파보다 진폭이 크고 주파수가 낮은 형태의 뇌파를 알파파라고 하지.

잠의 단계는 크게 렘수면(REM sleep, Rapid Eye Movement sleep)과 비렘수면(NREM sleep, Non-Rapid Eye Movement sleep)으로 나뉘어. 렘수면과 비렘수면은 뇌파도 다르고 안구 움직임도 달라. 렘수면에서는 안구가 좌우로 움직이지만 비렘수면에서는 안구가 움직이지 않아. 렘수면은 전체 수면 시간의 약 25%, 비렘수면은 약 75%을 차지하지만 고정되어 있지 않아서 조금씩 변하기도 해. 또한 수면의 여러 단계들이 반복되는 순서나 단계별 지속 시간은 개인과 상황에 따라 매우 다양해.

비렘수면은 뇌파의 특성에 따라 다시 몇 개의 세부 단계로 나뉘어. 비렘수면 시기에는 안구의 움직임은 없지만 몸은 조금씩 움직여. 특히 목과 턱을 많이 움직이고 자세를 바꾸거나 뒤척이지.

렘수면 단계에서 나타나는 뇌파는 각성 상태의 뇌파처럼 진폭이 작고 주파수가 높아. 렘수면은 잠의 깊이가 얕아진 상태(선잠)로 호흡과 뇌의 활성이 증가하고 잠이 깨기 쉬워. 반면 근육은 이완되어 몸이 움직이지 않아. 또한 꿈을 꾸는 단계로 안구가 좌우로 움직여. 일반적으로 렘수면은 잠이 들고 90분 후에 처음 나타나고 잠든 시간이 경과할수록 시간이 점차 길어지며 최대 60분까지 지속돼.

즉, 잠은 비렘수면으로 시작해서 렘수면으로 이행하고 렘수면과 비렘수면은 자는 동안 90~120분 주기로 3~5회 반복된단다.

잠이 온다…… 온다…… 온…다…

막 잠이 든 상태인 비렘수면 1단계에서는 알파파보다 진폭이 크고 주파수가 낮은 뇌파인 세타파가 나타나. 이 단계는 매우 얕은 잠의 단계로 보통 5~10분 정도 지속돼.

비렘수면 2단계는 1회에 20분 정도 지속되고 몇 차례 반복되며 전체 수면 시간의 40~45%를 차지해. 이 단계에서는 체온이 내려가고 심장박동수가 감소하면서 더 깊이 잠들어. 하지만 비렘수면 2단계 역시 잠이 얕게 든 상태야. 비렘수면 1단계와 2단계에서 잠이 깨면 자신이 잠들었다는 사실을 인지하지 못하기도 해. 할머니 할아버지가 코를 골며 주무시기에 TV를 껐더니 "보는 데 왜 끄냐?" 하며 벌떡 일어났다면, 비렘수면 1단계 또는 2단계에 해당해.

비렘수면 3단계는 서파 수면(SWS, Slow Wave Sleep) 단계로 주파수가 가장 낮고 느리며 진폭이 큰 델타파가 나타나. 서파 수면은 초기 서파 수면 단계와 후기 서파 수면 단계로 나뉘고, 초기 서파 수면 단계는 얕은 잠과 깊은 잠의 경계야. 후기 서파 수면 단계는 가장 깊은 잠의 단계로, 이 단계에서는 소음을 비롯한 환경적 자극을 전혀 느끼지 못해. 따라서 이 단계에서는 잠을 깨우기가 매우 어려워.

모두 잠든 시간 불침번 서기

너는 날마다 생각하지. '제발 실컷 잤으면 좋겠어. 5분이 아쉬울 정도야. 잠이 많이 부족할 때는 공부도 하기 싫고 의욕도 없어. 어떻게 해야 효율적으로 잘 수 있을까?'

그런데 혹시 네가 대여섯 살 무렵 어땠는지 기억해? 밤새 놀고 싶은 마음에 '해님이 지지 않게 해 주세요. 달님이 뜨지 않게 해 주세요.'라고 한동안 빌었어. '밤이 되면 왜 잠이 올까?' 이불 속에서 날마다 아쉬워했지.

과학자들이 밝혀낸 바에 따르면, 인체는 내부의 생체 시계에 따라 수면 상태와 각성 상태가 교차된단다. 생체 시계는 약 24시간을 주기로 작동하는데, 이걸 가능하게 하는 건 시상 하부에 있는 시신경 교차 상핵이야. 시신경 교차 상핵은 멜라토닌과 빛에 민감해. 멜라토닌, 많이 들어봤지? 멜라토닌은 호르몬의 일종으로, 밤낮의 길이나 계절에 따른 일조 시간(햇빛이 내리쬐는 시간) 변화와 같은 빛의 주기를 감지해서 생체 리듬에 관여하지. 또한 시신경 교차 상핵은 호르몬이나 체온의 변화, 스트레스, 사회적 요인에도 영향을 받을 수 있어.

사춘기에 접어들면 멜라토닌

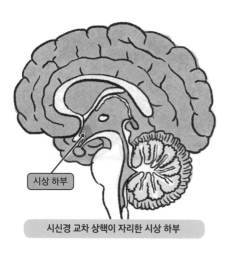

시상 하부

시신경 교차 상핵이 자리한 시상 하부

의 분비에 변화가 생겨. 멜라토닌이 점점 더 늦은 시간에 방출되고, 방출이 줄어드는 시간도 뒤로 밀려. 그래서 잠이 오는 시간이 늦어지고, 잠에서 깨어나는 시간도 늦어진단다. 그런데 이렇게 멜라토닌 분비가 지연되는 원인은 아직까지 정확하게 밝혀지지 않았어. 대신 가장 대표적인 가설 두 가지를 소개할게.

우선 사춘기 뇌와 호르몬 변화 때문이라는 주장이 있어. 사춘기가 되어 난자와 정자 생성에 관여하는 성호르몬이 증가하면 멜라토닌 분비량이 감소한다는 연구 결과가 이를 뒷받침해.

다음은 진화생물학적 관점에서 본 '불침번 가설'이야. 수면과학의 세계적 권위자인 메리 카스케이든(Mary Carskadon)이 이 가설을 주장한 대표적인 과학자야. 신체적으로 튼튼하고 활동성도 좋은 청소년이 늦게까지 각성 상태를 유지하는 일이 무리의 안전과 생존에 중요하기 때문이라는 주장이지. 어른들과 어린이들이 잠든 시간에 누군가 깨어 있어야 하고, 그는 위험에 대처할 수 있을 만큼 성장한 상태여야 하는데, 그렇다면 청소년이 적당하다는 얘기야.

최근 잠에 대한 재미있는 연구가 또 발표됐어. 2017년 7월 발행된 〈영국왕립학회보 B(The Journal Proceedings of the Royal Society B)〉에 실린 논문으로, 미국과 탄자니아의 과학자들이 탄자니아 하드자 부족민의 수면 패턴을 20일 동안 관찰한 결과야. 하드자 부족은 과거 인류의 생활 방식과 거의 유사한 형태의 수렵 생활을 현재까지 유지하고 있어. 수십 명이 무리를 지어 생활하고, 낮에 남자들은 사냥을 하고 여자와 아이들은 채집을 하면서 시간을 보내. 밤에는 모여서 함께 잠을 잔단다.

과학자들은 20~60세 하드자 부족민 33명에게 액티그래피(actigraphy, 운동신경의 활동을 측정하는 센서)를 착용하게 한 뒤 20일 동안 수면 패턴을 조사했어. 몸의 움직임이 거의 없으면 잠이 든 것으로, 움직임이 크면 활동 중인 것으로 판단했지. 20일간의 관찰 결과, 하드자 부족민의 일반적인 수면 시간은 오후 10시에서 오전 7시였어. 물론 사람에 따라 차이가 있어서 오후 8시에 잠드는 사람도 있고, 오후 11시가 넘도록 깨어 있는 사람도 있었지. 잠에서 깨는 시간도 조금씩 달라서 오전 6시가 되기 전에 깨어나는 사람도 있지만 오전 8시가 넘도록 잠자는 사람도 있었고.

이렇게 수면 시간에 차이가 있는데도 연구 대상 33명이 모두 잠들었던 시간은 20일 중 18분에 불과했어. 거의 모든 밤 시간 동안 적어도 1명은 깨어 있었다는 뜻이야. 또한 50~60대 하드자 부족민은 20~30대 부족민에 비해 일찍 자고 일찍 일어난다는 사실도 확인되었지.

연구에 참여한 과학자들은 밤에 누군가는 깨어 있는 현상이, 인류의 진화 과정에서 생존 확률을 높이기 위해 나타난 것이라고 설명했어. 야행성 곤충과 동물, 맹수가 득실거리는 밤에 부족이 몰살당하지 않으려면 누군가는 잠을 자지 않고 불침번을 서야 했고, 그 결과 연령에 따라 수면 패턴이 달라졌다고 해석한 거지.

이 논문을 포함하여 불침번 가설을 뒷받침하는 연구 결과를 종합해서 이야기해 보자. 유아기와 아동기에는 일찍 자고 늦게 일어나. 어른들의 보호를 받아야 할 뿐 아니라 육체적으로 약해서 불침번을 설 수 없지. 신체가 성인과 비슷해지면서 육체적으로 강인해지는 청소년기에는 늦게 자고 늦게 일어나. 따라서 자연스럽게 해가 지고 날이 어두워지는 저녁부터 한밤중을 지나 새벽까지 청소년이 불침번을 서. 노년기에는 일찍 자고 일찍 일어나. 성인(청장년)은 물론이거니와 청소년까지 잠이 든 새벽에 노인이 잠에서 깨어나 해가 뜰 때까지 불침번을 선단다.

한편 현대 사회에서는 환경적인 요인도 청소년의 수면 지연 현상에 적지 않은 영향을 미친단다. 우선 청소년기가 되면 아동기에 비하여 수면 시간에 대한 압박이 느슨해지지. "어서 씻고 자!"라는 부모님의 잔소리가 줄어들잖아. 무엇보다 학업에 대한 요구가 강해지니까 밤에 더 오래 깨어 있을 수 있어. 다들 알다시피 우리나라의 사정은 더욱 심해서 깨어 있을 수 있는 수준이 아니라 반드시 깨어 있어야 할 때도 많잖아. 아울러 아동기에 비해 컴퓨터와 휴대 전화 사용 제한이 느슨해지면서 밤에 할 수 있는 일이 크게 늘어나는 점도 무시할 수 없지.

 렘수면 사수 대작전

사춘기에 들어서면서 수면 시간이 늦춰지는 수면위상지연증후군이 나타나고 이에 따라 깊은 잠의 단계인 후기 서파 수면의 단계도 늦춰져. 문제는 청소년들의 기상 시간은 오히려 앞당겨진다는 거야. 늦게 잠들고 일찍 깨어나야 하다 보니 수면 마지막 부분인 렘수면 단계를 생략할 수밖에 없어.

렘수면이 생략되면 반쯤 잠든 상태 또는 잠이 덜 깬 상태가 지속돼. 그럼 어떻게 될까? 우선 학습 능률이 크게 떨어져. 렘수면이 암기력과 학습 능력에 지대한 영향을 미치기 때문이야. 캐나다의 연구 결과에 따르면, 잠이 덜 깬 상태에서 지능 검사 결과를 실시했더니 각성 상태에서 보다 지능지수가 6~7점 낮아진 것으로 나타났어.

렘수면이 기억 회복을 돕는다는 연구 결과도 제법 많아. 미국, 프랑스, 일본뿐 아니라 2017년 한국과학기술연구원(KIST)도 실험용 쥐의 렘수면이 신경세포의 회복과 기억 형성에 도움을 준다는 연구 결과를 발표했지.

2015년 미국 캘리포니아대학교 연구진은 '국가 청년기 건강 추적 조사(National Longitudinal Study of Adolescent Health)'에 등록된 청소년 3,300여 명을 무작위로 선별, 분석하여 잠자리에 드는 시간과 체중의 관계를 파악했어. 그 결과 청소년기부터 늦게 잠자리에 든 젊은 성인은 일찍 수면을 취한 사람들보다 체중이 많이 나갈 가능성이 높고, 일찍 잠자리에 드는 청소년은 자신의 몸무게를 더 건강하게 관리할 수 있다는 사실을 알아냈지.

앞에서 언급한 2015년 을지대학교 의료경영학과와 연세대학교 보건대학원 공동연구진의 연구 결과를 다시 살펴보자. 이 연구에 따르면 잠자리에 들고 나는 시간이 자살 생각에 영향을 미친단다. 하루 7시간 이상 잠을 자더라도 기상 시간이 아침 7시보다 이르면 그렇지 않은 경우에 비하여 자살 생각이 1.2배 높아졌어. 7시 이전 시간에 일찍 일어날수록 자살 시도, 자살 계획의 위험도도 높아졌고. 오후 11시를 기준으로 이보다 빠른 9시나 10시 이전에 잠자리에 들면 자살 생각은 1.7배, 자살 계획은 2.5배, 자살 시도는 1.3배 늘었고 오전 2시를 넘겨 늦게 잠자리에 들어도 자살 시도가 늘어나는 것으로 분석됐어. 이에 연구진은 수면 시간 7~8시간, 취침 시간은 11시, 기상 시간은 7시일 때 청소년들의 자살 관련 행동 위험이 가장 낮아진다고 결론을 내렸어.

수면 전문가들은 자정 이전에 잠자리에 들고 7시간 이상 수면을 취할 것을 권해. 첫째, 이는 성장을 위한 세포와 근육 발달에 필요한 성장 호르몬이 야간 수면 중에 분비되고 특히 밤 12시부터 아침 6시 사이에 생산되기 때문이야. 둘째, 그래야 등교 시간에 맞춰 일어나도 렘수면을 마칠 수 있어. 수면의 마지막 단계인 렘수면은 사고력, 학습 능력, 감정 제어 능력에 중요한 영향을 미치기 때문에 지킬 만한 가치가 있지. 셋째, 이렇게 해야 수면 부족에 시달리지 않고 충분히 잘 수 있단다.

권장 시간에 잠이 오지 않는다면 어떻게 해야 할까? 수면 호르몬인 멜라토닌의 분비를 마음대로 할 수 없으니 잠이 올 때까지 기다려야 할까? 되도록 수면 장애를 일으킬 만한 행동을 삼가고 권장 시간에 맞춰 잠을 청해 봐. 늦은 오후에 콜라, 커피, 코코아 같은 카페인 음료를 피하고 밤늦은 시간에는 TV 시청, 컴퓨터와 스마트폰 이용을 제한하도록 해. 눈의 망막 세포에는 멜라놉신이라는 빛 수용체가 있는데 이것은

수면 패턴 바꾸는 법

사람은 저마다 타고난 '생체 시계'를 가지고 있다. 그래도 수면 패턴을 바꾸어야 하는 상황이라면? 기상 시간을 15~30분 앞당기기를 일주일 동안 반복한다. 예를 들면 8시(첫째 주), 7시 40분(둘째 주), 7시 20분(셋째 주), 7시(넷째 주)'로 앞당기는 식이다. 단, 일어나자마자 햇볕이나 밝은 빛을 쪼이도록 한다.

푸른색에 특히 민감해. TV, 컴퓨터, 스마트폰은 청백색을 기본으로 한다는 것 알고 있니? 즉, 이들 기기는 망막 세포의 멜라놉신을 자극해서 멜라토닌의 분비를 방해한단다.

주말에 부족한 잠을 몰아서 자는 것도 좋지 않아. 주말에 잠을 몰아서 자면 잠이 들고 깨는 시간(수면 위상)이 뒤로 밀리면서 월요일 아침이 몹시 힘들어지거든. 또한 월요일부터 금요일까지 간신히 맞춰 놓은 수면 위상이 연기되면서 수면 부족이 심해지고, 그걸 보충하느라 주말에 잠을 몰아서 자는 악순환이 반복된단다.

마지막으로 아침에 일어나자마자 밝은 빛을 쪼이고 더운 물로 씻는 습관을 길러 봐. 기상하자마자 커튼을 걷으면 햇빛이 들어오면서 망막에 청색광과 백색광이 입사되고 멜라놉신이 활동하면서 잠에서 쉽게 깨어날 수 있어. 그리고 더운 물은 체온을 높이고 혈액 순환을 도와 잠에서 쉽게 깨도록 도와준단다.

3장

걱정 마! 나만은 안전하니까

× × ×

위험 행동

오늘 미선이가 교문 담 위에서 아래로
뛰어내렸다고 자랑을 했어. 왜 그랬냐고 물어보니까
'안 다칠 줄 알고' 해 본 거래.
듣고 보니 나도 자전거 탈 때 객기 부린 적이 몇 번 있었어.
멀쩡할 것 같기도 하고, 약간 해방감도 느껴진달까?
근데 나 어디 안 다치고 잘 크는 것 맞지?

경찰이 추격전 끝에 도난 차량을 붙잡았습니다.

NEWS 양복 입고 어른인 척 운전 경찰과 추격전

놀랍게도 범인은 14살 중학생이었습니다.

바다가 보고 싶어서 친구 부모님 차를 끌고 나왔어요.

양복 입고 넥타이도 매서 걸릴 줄 몰랐는데…

무면허 운전을 한 14살 A군은 소년법에 따라 처분을 받게 됩니다.

헐…

자동차 키 아무 데나 두면 안 되겠네.

자전거 탈 때 안전장비 꼭 하고, 차 다니는 곳에선 타지 말고!

아, 차 안 다니는 데가 어딘데???

아무리 위험해도 나는 죽지 않아

그래, 그런 일이 있었지. 저 애들이 잘못한 일로 내가 왜 야단을 맞아야 하느냐며 말대답을 하다가 일이 커져서 진짜 크게 꾸중을 들었어. 그런데, 인정할 것은 인정하자. 너 안전 장비 없이 자전거 여러 번 탔잖아. 일부러 가파른 비탈길만 골라서 타기도 했지. 엄마 아빠, 선생님이 금지했던 행동을 한두 번 어겼던 것이 아니잖아.

지금 너는 어른들 말씀이 괜한 설교나 지청구처럼 여겨지지만, 나는 네 행동이 아찔해. 무슨 배짱으로 그 위험한 행동을 했을까 싶다니까. 오토바이를 타고 복잡한 도로를 곡예하듯 위험천만하게 달리는 청소년을 보면 가슴이 조마조마하고, 자동차로 빼곡한 도로에서 자전거가 넘어지는 것만 보아도 덜컥 겁이 나. 어쩌면 저렇게 위험한 행동을 할까? 생각이 있는 걸까, 없는 걸까? 저러다 다치기라도 하면 어쩌려고? 죽을 수도 있다는 것을 모르고 저럴까?

그런데 결론부터 말하자면, 청소년들은 죽을 수도 있다는 것을 모르고, 죽을 수도 있다는 생각을 전혀 하지 못하고 위험을 쫓아. 왜 그럴까? 유아기와 아동기를 보내는 동안 성장을 거듭했던 뇌가 청소년기에 전면적으로 재구성되면서 위험한 행동을 부추기도록 변하기 때문이야.

1990년대만 해도, 과학자들은 유아기에 뇌의 성장이 거의 마무리된다고 믿었어. 왕성한 학습 능력을 보이는 아동기 이후에 뇌는 거의 변하지 않거나 매우 완만하게 변화한다고 여겨졌지. 그러나 21세기에 들어서자 과학자들은 이것이 사실이 아니라고 말하기 시작했어. 지금 과학자들은 뇌가 환경과 교육, 경험에 따라 일생 동안 변화를 거듭하고, 특히 사춘기에 왕성하게 발달할 뿐 아니라 구조 또한 큰 폭으로 변한다는 것을 알아냈단다.

과거에 과학자들이 유아기에 뇌의 성장이 거의 마무리된다고 믿었던 데는 몇 가지 이유가 있어. 첫째, 인간은 약 1,000억 개로 추정되는 뇌 신경 세포를 가지고 태어나고 출생 이후 그 수가 증가하지 않으며 수년 동안 뇌세포 연결이 상당히 진행되면서 뇌가 급속하게 발달하기 때문이야. 둘째, 6세 무렵이 되면 뇌의 크기가 성인 뇌의 95%에 달할 만큼 자라고 11세 6개월(여성)에서 14세(남성)가 되면 성인의 뇌 크기가 되기 때문이야. 종합하면, 뇌의 구조적·외형적 발달이 아동기 말에서 청소년기 초기에 완료된다고 믿었던 것이지.

그러다 활동하고 있는 뇌의 움직임을 관찰할 수 있는 여러 기술이 발달하면서 과학자들은 뇌 신경 세포의 수나 뇌의 외형적 크기보다 신경 세포 사이의 연결(망)과 속도, 뇌의 구조에 집중해야 함을 새롭게 알게 되었어.

인간은 출생 시에 최대 수의 뇌 신경 세포를 가지고 태어나고 영유아기 동안, 특히 출생 후 2년 동안 급속도로 발달하면서 신경 세포 사이에 끊임없이 접합이 일어나. 이 접합을 시냅스(Synapse)라고 부르지. 시냅스는 경험, 학습, 환경에 따라 달리 발달해. 또한 뇌 영역마다 다르게 발달하고, 여러 영역이 동시다발적으로 발달하는 것이 아니라 생존에 필수적인 영역부터 순차적으로 발달해. 그래서 감각과 운동을 처리하는 뇌의 영역이 먼저 발달하는데 특히 후각, 청각, 시각과 같은 감각 영역은 10세 전후에 발달이 거의 완료돼.

출생 이후 급격하게 증가한 시냅스는 3세가 되면 성인의 2배에 달해.

이것은 일종의 과잉 생산으로, 인간(유아) 가능성의 측면에서는 의미가 있지만 인체의 효율성 측면에서는 비효율적이지. 이에 따라 뇌는 솎아내기(가지치기)에 들어가. 식물의 겉모양을 고르게 하고, 열매의 생산을 늘리거나, 곧고 길고 마디가 없는 좋은 목재를 생산하기 위하여 곁가지를 잘라내는 것을 가지치기라고 하는데, 뇌 시냅스의 가지치기도 동일한 원리야. 시냅스가 과잉 생산되면 뇌의 밀도가 지나치게 높아져서 효율성이 떨어져. 도로에 자동차가 가득 차 있으면 속도를 낼 수 없는 것과 같지. 뇌는 효율성을 높이기 위하여 취사선택, 선택과 집중을 시작해.

그렇다면 뭘 쳐내고 뭘 남길까? 그 기준은 사용 빈도와 횟수야. 자주 많이 사용되는 시냅스는 강화되지만, 그렇지 않은 시냅스는 사라진단다. 이 시기 가지치기는 주로 청각과 시각 영역에서 이루어져. 시냅스가 가장 많이 형성된 부위에서 가지치기가 이루어지는 것이지. 그러다 청소년기가 되면 뇌에서 전면적인 재구조화(리모델링)가 일어나.

청소년기에 뇌가 전면적인 공사를 시작하고 이에 따라 재구조화된다는 사실이 처음 발견되었을 때 과학자들은 적잖이 당황했어. 아이에서 어른으로 완만하고 자연스럽게 이행하는 것이 아니라, 균형이 무너지고 혼란이 일어나는 듯했기 때문이야.

물론, 혼란이나 무질서가 늘 부정적인 것은 아니야. 오히려 새로운 환경에 적절하게 적응하는 과정에서 이전의 체계는 균형을 잃을 수밖에 없고 이때 일시적인 혼란이나 무질서는 필연이지. 청소년기 뇌의 재구조화도 마찬가지야. 성인으로 성장하여 새 역할에 적응하기 위하여 청소년기 뇌는 새로운 균형과 체계를 세워 나간단다.

그렇다면 뇌의 어떤 영역이 특히 달라질까? 유아·아동기 뇌에는 감각 관련 영역은 충분히 발달되어 있지만 감정과 충동을 제어하는 영역들은 발달되어 있지 않아. 쉽게 말해 감각 정보를 받아들이는 능력은 충분하지만, 논리적으로 예측하거나 판단을 내리는 능력은 아직 많이 부족해. 예측, 판단, 조절, 의사 결정 등을 관할하는 전두엽은 10대 중후반 이후에야 발달하기 시작해. 이 때문에 청소년은 상황을 정확하게 판단하고 행동의 결과를 예측하여 적절하게 의사 결정하는 능력이 부족할 수밖에 없어.

 ## 인간의 뇌, 1.4kg의 우주

청소년기 뇌의 변화를 본격적으로 이해하기 전에 인간의 뇌에 대하

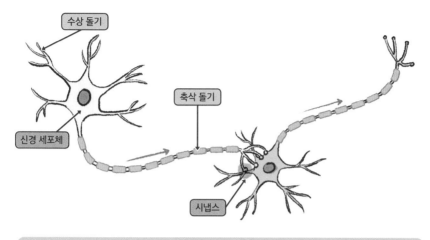

신경 세포와 신경 세포를 이어 주는 시냅스

여 잠시 살펴보자. 인간의 뇌는 약 1.4kg으로 두개골에 둘러싸여 보호받고 있어. 뇌는 분홍빛이 도는 회색에 쭈글쭈글한 덩어리로 약간 엉성해 보이지만, 실제로는 수백억 개의 신경 세포(뉴런)로 치밀하게 구성된 복잡한 조직이야.

신경 세포(Neuron)는 신경 세포체(Cell Body), 축삭 돌기(Axon), 수상 돌기(Dendrite)로 이루어져 있어. 신경 세포체는 핵을 포함한 세포 본체야. 축삭 돌기는 하나의 신경 세포에 대개 한 가닥으로 길쭉하게 돋아 있고 수상 돌기는 여러 가닥으로 짧게 돋아 있어. 신경 세포는 다른 세포와 달리 서로 딱 달라붙어 있는 상태가 아니라 틈새가 있어. 이 틈새를 시냅스라고 해. 각각의 신경 세포는 시냅스를 통해 정보를 전달하는데 그 과정은 전류가 통하는 과정 또는 이어달리기와 유사해.

뇌는 매우 복잡한 조직이야. 과학자들은 뇌의 기능과 역할, 진화의 순서, 연구의 필요에 따라 여러 기준으로 분류하고 각각의 부위에 이름을

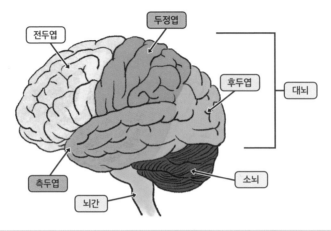

겉에서 본 뇌의 모습

붙여. 또한 뇌는 겉에서 보느냐 절단하여 속을 보느냐에 따라, 절단할 경우에는 가로, 세로, 높이 중 어느 방향으로 자르느냐에 따라 다른 부위가 보이기도 한단다.

뇌를 겉에서 보면 대뇌, 소뇌, 뇌간의 세 부위만 보여. 대뇌는 뇌 무게의 80% 이상을 차지하며 좌우 2개의 반구(좌뇌, 우뇌)로 이루어져 있고 고등 정신 활동을 담당해. 소뇌는 주로 평형 감각을 조절하고 근육의 긴장과 이완 같은 운동 기능도 조절해. 대뇌 아래쪽과 소뇌 앞쪽 사이에는 뇌간이 있어. 뇌간은 뇌와 척수를 연결하고 뇌와 몸 사이를 오고가는 모든 정보를 전달해. 또 호흡, 순환, 대사, 체온, 소화, 분비, 생식 등 내장 기관 및 혈관과 관련된 자율 신경을 관리한단다. 뇌간은 중뇌, 뇌교, 연수로 이루어져 있어.

뇌를 살펴보는 가장 편리한 방법은 가운데서 둘로 나누어 보는 것, 즉 좌뇌와 우뇌로 나누어 보는 거야. 좌뇌와 우뇌에는 전두엽, 두정엽, 측두엽, 후두엽 등이 쌍을 이루고 있어. 이마부터 머리 위 중앙에 위치한 전두엽은 추리, 기억, 언어 등 사고 전반을 담당해. 머리 위 중앙부터 머리 뒤쪽을 차지하는 두정엽은 촉각을 포함한 감각 처리와 공간 인식을 담당해. 머리 뒤쪽에 있는 후두엽은 주로 시각 정보를 다루지. 전두엽 아래쪽 귀 옆에 있는 측두엽은 청각, 미각, 후각을 담당해. 이 네 개의 엽은 모두 대뇌에 해당해.

뇌는 여러 개의 층으로 되어 있어. 뇌를 층으로 나눌 때 가장 위쪽, 즉 가장 바깥쪽은 피질이야. 피질은 말 그대로 껍질, 겉면이라는 뜻이고. 대뇌 피질, 즉 대뇌의 피질은 영장류 뇌의 특징으로

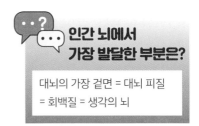

인간 뇌에서 가장 발달한 부분은?

대뇌의 가장 겉면 = 대뇌 피질
= 회백질 = 생각의 뇌

다른 동물의 뇌와 확연하게 다른 부위이자 인간의 뇌에서 가장 발달한 부위야. 그래서 생각의 뇌라고도 불러. 대뇌 피질에는 뇌 신경 세포체와 여기에서 뻗어 나온 수상 돌기가 모여 있고 옅은 회색을 띠고 있어서 회백질(Gray Matter)이라고 부르기도 해.

피질(회백질) 아래에는 흰색인 백질이 있어. 백질은 신경 세포가 시냅스를 통하여 다른 뉴런과 정보를 주고받을 수 있게 해. 백질 아래에는 변연계가 있어. 변연계는 정서와 감정을 관할하는 부위야. 포유동물의 변연계는 인간의 변연계와 매우 비슷해서 포유류의 뇌라고 부르기도 한단다. 마지막으로 뇌의 가장 아래층은 뇌간이야.

너의 뇌는 공사 중!

다시 청소년의 뇌로 돌아가자. 청소년기 뇌의 변화는 크게 과잉 생산(Overproduction), 가지치기(Pruning), 수초화(Myelination)로 요약할 수 있어.

가장 먼저 눈에 띄는 것은 과잉 생산으로 대뇌 피질의 두께가 극적으로 두꺼워졌다가 얇아져. 인접한 신경 세포 사이의 정보 교환이 활발해지면 수상 돌기가 증가하고 시냅스의 연결이 강해져. 그러면서 뇌 신경망의 효율성이 증가하고 대뇌 피질의 두께도 변해. 즉, 신경망이 활발하게 활동함에 따라 대뇌 피질이 그만큼 두꺼워지는 거야.

시냅스가 한바탕 증가하고 나면 시냅스의 가지치기가 일어. 구체적인 경험과 환경, 사용 빈도에 따라 어떤 시냅스는 강화되고 어떤 시냅스는 약화되거나 소멸돼. 청소년기에 어떤 행동이나 활동을 자주 하느냐에 따라 축구를 잘할 수도 있고 피아노를 능숙하게 칠 수도 있고 어려운 수학 문제를 풀 수도 있게 된다는 뜻이지.

시냅스의 가지치기는 아동기 말(여성 11세, 남성 12세 6개월)부터 시작되고 대뇌 피질이 두꺼워짐에 따라 뇌의 밀도가 증가하면 가지치기가 더욱 활발해져.

> **뇌의 가지치기**
>
> 다양한 활동과 경험으로 뇌가 자극을 받음
> ➡ 인접한 뇌 신경 세포 사이의 정보 교환이 활발해짐
> ➡ 수상 돌기가 증가하고 시냅스의 연결이 강해짐
> ➡ 뇌의 밀도가 증가함
> ➡ 가지치기가 일어남

아동기나 성인기의 뇌에서는 1~2%가량의 가지치기가 일어나지만 청소년기에는 15% 정도의 가지치기가 일어. 가지치기는 청소년기에

최고조를 이루고 청소년기가 끝날 무렵인 25세경에 마무리되지만, 전 전두엽을 포함한 일부 영역에서는 30세까지 지속되기도 하는 것으로 알려져 있어. 전전두엽은 전두엽 중에서도 제일 앞쪽에 위치하며 '전두엽의 전두엽'이라고 부르는 영역이야.

뇌에서 가지치기가 일어나는 까닭은 뇌의 기본적인 작동 원리가 억압 기제(Mechanism)이기 때문이야. 무의미한 기능이나 활동은 최대한 억제하고 활용성과 빈도가 높은 기능과 활동은 장려하는 경향이 있다는 뜻이야. 이처럼 뇌는 유아기와 아동기에는 따라 하기를 통해 무한정 학습하고, 이후에는 억압 기제를 통해 조절 능력을 향상시킨다.

청소년기에 제거되는 시냅스는 대부분 흥분성 시냅스로, 청소년기를 거치면서 흥분성 시냅스와 억제성 시냅스의 비율이 7:1에서 4:1로 감소하는 것으로 알려져 있어. 그래서 청소년기를 무난히 통과하면 뇌의 작동이 차분해지고 판단, 예측, 계획, 의사 결정 등 통합적 조절 기능을 전담하는 전두엽이 발달하면서 어른다워지지.

마지막 특징은 수초화(미엘린화, Myelination)야. 수초는 뇌세포에서 뻗어 나온 기다란 돌기인 축삭 돌기의 표면을 감싸고 있는 막이야. 수초화는 수초가 축삭 돌기 표면을 감싸면서 신경 세포끼리 격리하는 것을 가리켜. 전선에 피복을 입히는 것과 같은 원리로, 전달하고자 하는 신경 정보가 목표한 세포로 더 신속하고 정확하게 전달되지. 이러한 수초화를 통하여 뇌는 정교해지고 기능이 활성화된단다.

뇌의 발달 순서

뇌는 가장 먼저 감각 운동 영역이 발달하고 이후 시각을 주로 관할하는 후두엽, 공간과 움직임의 파악 및 이해를 담당하는 두정엽, 언어와 판단을 관장하는 전두엽의 순서로 발달한다. 가장 고차원적인 기능을 수행하는 전전두엽은 성인이 될 때까지 계속 발달한다.

'생각의 뇌'보다 먼저 발달하는 '감정의 뇌'

청소년기 뇌 발달의 특징인 과잉 생산과 가지치기는 전두엽을 중심으로 일어나. 청소년은 종종 엉뚱하거나 이해하기 어려운 행동을 해. 이는 전두엽이 팽창하는 과정에서 뇌의 다른 부위와 기능이 원활히 연결되지 않아 발생하는 일시적인 오류일 수 있어.

청소년기 전두엽의 발달이 완전하지 않은 사이, 변연계가 뇌 사령탑의 역할을 대신하면서 의사 결정에 많은 영향을 미쳐. 변연계는 분노, 두려움, 즐거움 등의 감정과 행동, 동기 부여, 욕망의 조절 등에 관여하는 부위야. 전두엽이 이성적 판단과 의사 결정에 참여하지 못하는 사이에 욕망과 쾌락의 담당자인 변연계가 역할을 대신하는 것이지. 이에 따라 청소년들은 보상(reward, 대가)에 민감하고 위험을 감수하며 충동적으로 변해.

여러 연구에 따르면 청소년은 아동보다 지능이 높고 신체 능력이 뛰어난데도 위험한 사고를 겪을 확률이 높아. 아동은 위험하다는 것을 몰라서 위험한 행동을 하지만 청소년은 위험하다는 것을 알면서도 위험한 행동을 한다는 뜻이지.

또한 갈등 상황에서는 단기적 보상과 장기적 보상을 모두 고려해야 하는데, 청소년은 보상의 가치를 판단하는 데 서툴러. 사람들은 보상을 받기까지 걸리는 시간을 비용으로 여기고 보상이 지연될수록 그 가치가 떨어진다고 여기는데, 특히 청소년기에는 즉각적인 보상에 더욱 큰 가치를 두는 경향이 있어. 따라서 장기적인 관점에서 가치와 목표를 고려

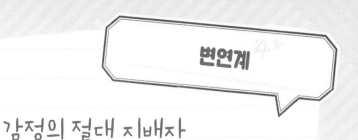

감정의 절대 지배자

변연계는 뇌간과 대뇌 피질 사이에 위치하면서 뇌의 다른 부위와 상호작용한다. 주로 분노, 쾌락, 동기, 욕구에 관여하다 보니 '감정의 뇌'라는 별칭으로 불리기도 한다. '생각의 뇌, 이성의 뇌'인 전두엽보다 먼저 진화했을 뿐 아니라, 개인의 뇌 발달에서도 시간적으로 먼저 발달한다. 그래서 청소년기가 되면 거의 발달을 마치고 활발하게 작동한다. 이는 기쁨, 분노, 슬픔 등 감정이 먼저 발달하고 감정을 조절 및 통제하는 이성은 나중에 발달한다는 의미이다. 아울러 감정과 그 표현은 즉각적이고 적극적이지만 상황 판단이나 의사 결정은 미숙함을 뜻한다.

이렇게 변연계에서 발생한 부정적인 감정은 **전두엽을 통해서 통제된다.** 그런데 청소년기에는 아직 전두엽이 발달하지 않아서 부정적인 감정이 걸러지지 않고 거의 그대로 표출되는 것이다.

이뿐 아니라 변연계의 일부인 **편도체와 해마는** 얼굴 표정을 통해 타인의 감정을 파악하는 능력, 정서를 조절하는 능력과 밀접하게 관련되어 있다. 따라서 이 부위에 문제가 발생하면 타인의 기분이나 감정을 알아차리기 힘들고, 자신의 기분이나 감정을 조절하는 데도 어려움을 겪을 수 있다.

하여 판단하기보다는 감정과 단기적인 보상에 좌우되기 쉬워. 멀리 내다보고 자신에게 유리한 행동을 선택하기보다 현재의 기분과 쾌락에 의해 행동을 결정하는 거지.

청소년이 쉽게 흥분하거나 화를 내는 것은 청소년기 변연계가 거의 완성된 상태일 뿐 아니라 극도로 활성화되어 있기 때문이야. 그렇다면 변연계가 완성된 성인은 왜 쉽게 화를 내거나 흥분하지 않는 것일까? 바로 전두엽 덕분이야. 성인은 전두엽의 도움을 받아 상황을 장기적인 관점에서 바라보거나 감정을 조절해. 반면 청소년은 전두엽의 도움을 거의 받지 못해. 또한 불쾌한 상황이 일정 시간 지속되거나 강도가 세지면 이미 완성된 뇌간, 즉 '파충류의 뇌'까지 강하게 흥분하면서 더욱 감정적으로 변한단다.

친구랑 함께면 뭔들!

앞에서 이야기했던 중학생 무면허 운전 사건 말이야. 솔직히 너는 그 아이들 이해할 수 있지? 뭐, 이상한 건 아니야. 또래 이야기이니 당연히 이해할 수 있겠지. 그리고 솔직히 너도 비슷한 경험 있잖아. 여름 방학에 친구들 서너 명하고 갑자기 강촌까지 자전거 여행 하겠다고 떠나서 밤늦게까지 집에 돌아오지 못한 적 있었지. 중간에 길 잃어버리고 휴대 전화 배터리 방전되고.

그런데 말이야, 그때 친구가 없었으면 네가 즉흥적으로 자전거 여행을 떠났을까? 뉴스에 나온 중학생도 혼자였다면 무면허 운전을 했을까? 그저 바다가 보고 싶어서 아빠 양복을 훔쳐 입고 고속도로를 운전했을까?

바로 여기에서 청소년 위험 행동의 특징을 하나 더 알 수 있어. 바로 친구야. 청소년은 혼자서는 위험한 행동이나 모험을 좀처럼 시도하지 않지만, 친구와 함께 있을 때는 위험하고 무모해지는 경향이 강해. 청소년의 이러한 특징은 미국 템플대학교 로렌스 스타인버그(Laurence Steinberg) 연구 팀이 실시한 실험에서 잘 드러나.

스타인버그 연구 팀은 교통 신호와 위험한 행위가 포함된 컴퓨터 게임을 개발하고 이 게임에 성인과 청소년을 참가시켰어. 그리고 혼자일 때와 친구가 지켜보고 있을 때 이들의 행동과 뇌 움직임을 관찰했지. 실험 결과, 성인은 친구의 존재 여부가 게임 결과에 영향을 미치지 않았지만 청소년은 친구가 보고 있을 때 신호 무시 등 위험 행동이 증가하고 사고율도 크게 증가했어.

뇌의 영상은 더욱 흥미로웠어. 청소년은 친구가 보고 있을 때 보상 체계가 활발하게 활동했어. 보상, 즉 쾌락과 관련된 뇌 영역을 보상 체계라고 하는데 보상 체계는 변연계에 속해 있어. 변연계는 감정의 뇌라는 별칭으로 부른다고 했지. 인간은 삶의 모든 시기 중에서 청소년기에 쾌락을 가장 많이, 강하게 느낀단다.

과학자들이 보상에 대해 처음 알게 된 것은 20세기 중반이야. 1950

년 제임스 올즈(James Olds)와 피터 밀너(Peter Milner)는 전기 자극으로 감정을 일으킬 수 있는지 알아보기 위해 동물의 뇌에 전극을 심어 전기 자극을 주는 실험을 진행했어. 그야말로 우연히 전극 하나가 실험 동물의 뇌의 어떤 영역에 심어졌고, 올즈와 밀너는 이 영역을 전기적으로 자극하면 실험동물이 무척 즐거워할 뿐 아니라 그 자극을 계속 받으려 한다는 것을 알아냈어. 실제로 그 실험동물은 지쳐서 사망할 때까지 쾌락을 주는 행동(쳇바퀴 돌리기)을 계속하기도 했어. 과학자들은 이 영역에 보상 체계(보상회로, 보상중추)라는 이름을 붙였어.

보상 체계는 매우 강력할 뿐 아니라 아주 집요해. 뇌 과학자이자 과학 칼럼니스트인 프리드헬름 슈바르츠(Fridhelm Schwarz)는 저서 《착각의 과학》에서 보상 체계를 '고집불통 소년'이라고 표현했어. 갖고 싶은 것이 있으면 뭐든 곧장 가져야만 직성이 풀리고 얻지 못할 때는 울고불고 난리를 치며 어떻게든 의지를 관철시키려 들기 때문이야.

보상 체계의 활성화는 도파민(Dopamine)과 관련이 깊어. 도파민은 뇌의 신경 전달 물질로 쾌락 메신저라는 별칭에서 알 수 있듯이 쾌락과 밀접한 관계가 있어. 도파민은 뇌의 보상 체계를 활성화하여 쾌락과 즐거움, 만족감을 느끼게 해. 도파민 수치가 상승하면 즐거움이나 만족감 같은 좋은 기분을 느끼는데 이것이 우리가 같은 일을 다시 하게 되는 주된 이유 중 하나야.

뇌는 부위에 따라 도파민의 분비가 다르고 반응도 달라. 보상 체계는 도파민에 예민하게 반응하지만 억제 조절 부위는 상대적으로 덜 예민해. 도파민은 일생 중 청소년기에 절정에 달하지.

청소년에게 친구라는 존재는 보상 요인 그 자체야. 청소년의 위험 행동이 또래와 함께 있을 때 증가하는 경향은 청소년의 뇌가 친구라는 보

게임할 때 생성되는 도파민 비교

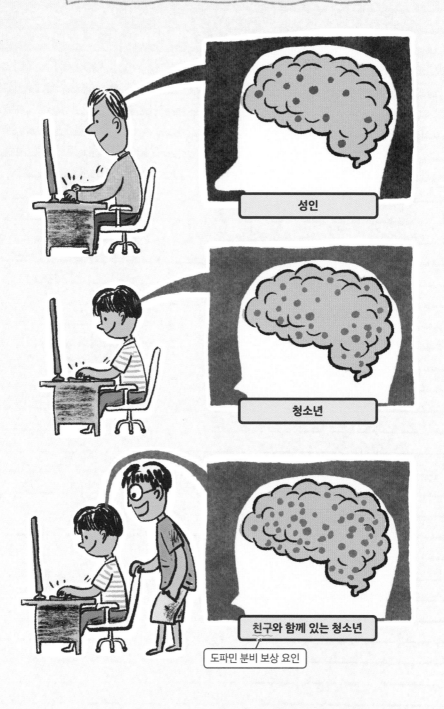

성인

청소년

친구와 함께 있는 청소년

도파민 분비 보상 요인

상 요인으로 인하여 위험 행동을 강화 또는 확대할 수 있다는 의미이고. 부모들이 자녀에게 갖는 대표적인 의문, "규칙을 잘 지키고 안전장비도 잘 착용하던 우리 아이가 친구와 함께 있을 때는 전혀 다르게 행동"하는 이유가 바로 이것이지. 청소년기는 보상에 민감하고 친구는 보상 요인이므로 청소년은 친구 앞에서, 혹은 친구와 함께 위험 행동을 감행해. 친구 혹은 또래 집단의 인정을 받기 위하여 위험한 줄 알면서도 위험 행동을 감행하는 것이지.

그렇다면 이렇게 자연스러운 위험에 노출되어 있는 청소년은 어떻게 해야 할까? 지금까지 계속 성장하고 있는, 그래서 아직 미숙한 '나의 뇌'를 어떻게 이해하고 어떻게 행동해야 할까?

첫째, 청소년은 자신이 성장하고 있음을 인정하는 것이 좋아. 외모는 성인과 거의 다를 바 없지만 아직 자라고 있다는 것, 뇌가 재구조화되면서 이성보다 감정이 앞서고 복잡한 판단이나 의사 결정에는 서툴다는 것을 인정하는 것이지.

둘째, 모험이나 위험한 행동의 긍정적 측면을 인정할 필요가 있어. 생명을 위협하는 모험, 법을 어기는 행동은 절대 시도해서는 안 되지만 적당한 모험이나 사회적 규범이 허용하는 범위 안에서의 위험은 충분히 시도해 볼 만해. 청소년기에는 배워야 할 것이 너무나 많아. 따지고 보면 내게 맞는 친구를 사귀고 진로를 선택하고 좋아하는 이성에게 자신의 마음을 고백하는 일들이 모두 모험이잖아. 위험을 적당히 감수하는 연습은 청소년에게 매우 중요해. 또한 청소년의 위험한 행동이 늘 부정적인 결과를 야기하는 것도 아니고. 알렉산드로스 대왕, 잔 다르크와 같이 역사에 기록된 영웅의 사례에서 볼 수 있듯이 청소년의 위험을 감수한 행동은 역사를 바꾸기도 했어.

셋째, 부모님과 선생님을 포함하여 믿을 만한 어른들과 좋은 관계를 유지할 것을 권해. 어른들이 제지하는 행동이나 반대하는 결정에는 대체로 이유가 있어. 부모님이나 선생님이 행동을 제지하면, 발끈하거나 화부터 내지 말고 그 이유를 차근차근 생각해 봐. 골똘히 생각해도 어른들의 결정을 따를 수가 없다면? 어른들에게 따를 수 없는 이유를 조목조목 말하면서 이해할 수 없는 부분에 대한 설명을 요구해 봐야지.

넷째, 좋은 친구를 사귀고 또래 집단의 압력을 이길 수 있는 힘을 길러야 해. 청소년기 위험 행동은 개인보다 집단으로 발생하는 비율이 훨씬 높고, 집단으로 발생할 경우 중상이나 사망으로 이어지는 비율도 월등히 높아. 혼자라면 절대 하지 않을 행동도 친구와 함께라면, 혹은 친구가 보고 있어서 감행하기 때문이야. 물론 청소년기에는 친구가 보상 요인으로 작용해. 그러나 긍정적인 친구 관계라면 의사소통은 원활하되 의사 결정은 독립적이어야 해. 청소년기 친구 관계는 개인의 행복감과 자아 효능감, 이후 사회생활과 직업 생활 적응에 지대한 영향을 미친단다. 그러니 좋은 친구 관계를 유지하기 위해 자신이 속한 집단이나 또래의 압력을 견디는 능력은 필수야.

4장

화가 나,
참을 수가
없어

× × ×

충동성

발끈해서 현관문을 박차고 나오기는 했지만…….

무엇 때문에 엄마와 다투기 시작했는지 기억이 나질 않네.

"그게 무슨 말버릇이야?"라는

엄마 말에 머리가 하얘졌고…….

"나더러 나가라는 거지?" 하고 뛰쳐나와 버렸어.

나 왜 그렇게 화가 났었지?

성인군자도 화나게 한 충동성?

무슨 말이야? 아무도 너에게 집을 나가라고 하지 않았어. 잘못된 걸 지적했을 뿐인데 네 머릿속에서 화가 '뻥!' 하고 터져 버린 거지.

가만히 생각해 봐. 요새 너는 부쩍 화를 냈어. 걸핏하면 버릇없이 굴고 말대꾸하고 벌컥 목소리를 높였지. 하기는 그게 사춘기니까. 이미 2500년 전에 고대 그리스의 철학자 소크라테스도 청소년에 대해서 이렇게 말했어.

"그들은 예의범절을 모르고 권위를 경멸하며 나이 든 사람들을 존중

하지 않고 일을 해야 하는 곳에서 수다만 떤다. 젊은 사람들은 나이 든 사람들이 방에 들어와도 일어나지 않는다. 부모에게 반항하고 사람들이 모인 자리에서 허풍이나 치고 음식을 걸신들린 듯 먹으며 교사들에게 횡포를 부린다.”

참을성이 많고 느긋한 성품이었다고 전해지는 소크라테스도 청소년들의 무례와 충동성은 봐주기 힘들었던 모양이야.

네가 인정하든 안 하든 충동성은 청소년의 대표적인 특성이야. 충동성은 결과를 고려하지 않거나 의식적인 판단 또는 계획을 하지 않고 행동하는 성향, 위험을 감수하는 행동을 하거나 계획 없이 일을 시작하거나 혹은 시작한 행동을 조절하는 데 어려움을 겪는 성격 특질, 적절한 자기 통제가 결여된 상태를 가리켜. 충동성을 정확하게 측정하기 위해서 심리학자들은 충동성을 3개 영역으로 나누기도 해. 쉽게 몰두하지 못하며 신중하게 생각하지 않고 행동하는 인지 충동성, 자제력이 약하고 생각 없이 말하며 하고 싶은 대로 행동하는 운동 충동성, 일을 시작하기 전 계획을 세우지 않고 한 가지 일이 끝나기 전에 또 다른 일을 계획 없이 시작하는 무계획 충동성이야.

충동적인 사람은 반항적이고 화를 잘 내며 타인에 대한 책임과 우호적 태도, 자기 통제력이 부족해. 그렇다 보니 대인 관계에서 어려움을 겪고 잘 적응하지 못해서 쉽게 문제를 일으키지. 심리학자들은 충동성이 사회의 규범, 질서, 이익에 부합하지 않는 행위인 반사회적 행위를 장기적·반복적으로 발생시킬 가능성을 높인다고 보고 있어. 아파트 도색 작업자들이 틀어 놓은 음악이 시끄럽다며 아파트 주민이 작업 밧줄을 잘라 작업자 1명이 사망한 사건, 들어 봤어? 이런 사건이 대표적인 충동 범죄야. 범인은 화를 누그러뜨리지 못하고 흥분한 상태에서 자신의 행동이 낳을 결과를 생각하지 않고 행동했어.

청소년기의 심한 충동성은 문제 행동이나 비행을 유발하는 요인으로 지목되고 있어. 충동적일수록 자신의 행동을 적절히 조절하기 어렵고 문제 행동이 쉽게 발생하며 심할 경우 폭력, 절도 등 비행이나 범죄를 저지르기 쉬워. 또한 충동성이 높으면 선택, 조절, 통제가 어려워 친구 관계를 원만하게 유지하기 어려워. 참을성이 부족하다 보니 분노와 같은 부정적인 감정을 과도하게 표현하고 친구들과 갈등을 겪으면서 자주 다투기 때문이야. 또한 충동성은 교칙 준수 등에 부정적인 영향을 미쳐 학교생활 적응을 방해한단다. 충동성과 공격성은 서로 다른 개념이지만, 충동성이 높을 경우 공격성도 높아지는 경향이 있는데 공격성까지 높을 경우에는 원만한 친구 관계나 학교생활을 유지하기가 더욱 어려워지지. 이뿐이 아니야. 충동적일수록 집중력과 계획 능력이 부족해서 성적이 부진하고 학업을 계속하기 어려울 수밖에 없어. 나중에 더 자세히 이야기할 텐데 충동성은 술, 담배, 약물, 인터넷, 게임, 스마트폰 등의 중독에도 영향을 미친단다.

학교생활을 강조하는 까닭은 학교가 지식만을 습득하는 곳이 아니기 때문이야. 어린이와 청소년은 학교에서 친구, 선후배, 선생님을 포함한 여러 사람과 상호 작용하면서 사회적 관계를 훈련하고 규범이나 규칙을 준수하는 생활 방식을 배우고 익히지. 학교생활을 통해 독립된 존재로 살아갈 수 있는 역량을 갖

💬❓ 학교생활 부적응

교육부에서는 학교에 적응하지 못하는 청소년들의 수가 매년 증가하고 있고 학교생활 부적응으로 위기를 겪고 있는 청소년의 수가 전체의 17% 이상인 것으로 추정하고 있다. 학교생활 부적응은 학습 부진의 원인이 될 뿐 아니라 심리적으로 불안, 불만, 우울을 유발하고 사회성 발달에도 좋지 않은 영향을 미친다.

추게 되는 거야. 그러니 청소년의 학교생활 적응은 건강한 성인으로 성장하고 건전한 시민으로서 살아 나갈 수 있도록 돕는다는 점에서 매우 중요해.

내 공격성도 편도체 탓?

과학자들은 청소년기에 충동성이 증가하는 원인을 세 가지로 보고 있어. 첫 번째는 민감한 변연계, 두 번째는 미성숙한 전두엽, 세 번째는 폭발적으로 증가하는 성호르몬이란다.

앞에서 전두엽은 이성, 변연계는 감정을 대표한다고 했어. 그런데 우리 삶에서 전두엽만 중요하고 변연계는 방해가 된다거나 불필요한 것으로 받아들여서는 절대 안 돼. 뒤에서 설명할 기회가 있겠지만, 진화에서 감정은 매우 중요한 역할을 해 왔을 뿐 아니라 21세기 현 시점에서도 매우 중요한 기능을 수행하고 있어. 쾌락이 없는 삶, 사랑이 없는 인생, 상상이나 할 수 있어? 두려움은 또 어떻고? 두려움이 없다면 우리는 미래를 준비하지 않을뿐더러 위험한 사고는 더 많이 발생할 거야.

다시 한 번 강조하지만, 변연계는 우리 뇌에서 아주 중요한 역할을 한단다. 앞서 설명한 것처럼 다양한 감정을 만들어 낼 뿐 아니라 외부에서 일어난 일에 대한 감정을 걸러 내는 여과 장치 역할을 해.

변연계는 동기 부여와도 관련이 있어. 아침에 눈을 떴을 때 하루를 어떻게 시작할지 계획하고 오늘 할 일에 대한 의욕을 북돋는 일 등이 모두 변연계와 연관이 있지. 변연계는 식욕도 관장한단다. 좋아하는 사람들과 함께 먹는 음식이 더 맛있게 느껴지는 것, 우울할 때 유독 많이 먹거나 지나치게 적게 먹는 것이 모두 변연계 때문이야.

또한 변연계는 타인과 유대감을 형성하는 데도 관여해. 쥐를 대상으로 한 실험에 따르면, 변연계가 손상된 어미 쥐는 새끼와 유대감을 느끼지 못해. 새끼를 보

여성의 변연계 > 남성의 변연계

여성의 변연계가 남성의 변연계보다 크다. 과학자들은 이 때문에 여성이 남성에 비해 쉽게 유대감을 형성한다고 설명한다. 또한 문제가 발생했을 때 혼자 고민하기보다 외부에 쉽게 도움을 청하고 다른 사람의 문제에 대해서도 적극적으로 개입하는 경향이 있다. 대신 슬픔이나 우울감에 민감하고 우울증도 많이 걸리는 것으로 보고되고 있다.

살피는 것이 아니라 헝겊이나 나무토막처럼 마구 끌고 다니는 것이 확인되었지.

반대로 변연계가 활동이 과도하면 슬픔, 우울, 분노 같은 부정적 감정이 우세해지는 경향이 있어. 사소한 일에 기분이 상하고 별것 아닌 일에 좌절감을 느끼는 것도 변연계의 활동이 과도할 때 나타나는 증상이야. 그동안 문제없이 해 오던 활동에 흥미를 잃는 현상, 수면이나 식욕의 변화, 머리가 둔해지면서 집중력이 떨어지는 것, 무력감과 절망감, 근거 없는 불안, 나는 가치 없는 사람이라며 자학하는 일, 타인의 악의 없는 행동을 오해하는 것 등이 모두 변연계 활동이 과도하게 활발할 때 나타나는 증상이야. 어때, 네 상태와 비슷하니? 실제로 변연계는 청소년기에 거의 완성될 뿐 아니라 기능도 매우 활성화되어 있어.

청소년기에 뇌는 대대적인 리모델링이 진행되고 이에 따라 일시적으로 매우 불안정한 상태가 되기도 하는데, 이때 변연계가 지나치게 활동

하면 불안감이나 분노, 우울 등이 극심하게 나타나기도 하고 우울증이 발병하기도 해. 변연계 활동이 과도할 때 나타나는 가장 위험한 증상은 역시 자살이야. 누군가 자살에 대해 깊이 생각하거나(자살성 사고) 자살 충동을 느끼는 것으로 보이면 외면하지 말고 전문가의 도움을 받도록 해야 한단다.

진화 과정에서 변연계는 포유류의 등장과 함께 발달했어. 변연계는 오직 포유류에게만 있단다. 변연계는 편도체와 해마 등으로 이루어져 있어. 해마는 기억, 특히 단기 기억을 담당해. 편도체는 지름이 2cm가량으로 소리, 냄새, 이미지 같은 정보를 분석하고 이를 바탕으로 감정을 만들어 내지. 또한 정서와 기억의 연결, 공격성에도 관여해.

편도체는 어느 지점을 어떻게 자극하느냐에 따라 공격적 행동을 촉진할 수도 있고 억제할 수도 있어. 스페인의 생리학자이자 미국 예일대학교 교수였던 호세 델가도(Jose Delgado)의 황소 실험이 유명하지. 델가도는 원거리 조정 장치(리모트컨트롤러)를 이용할 수 있도록 황소의 편도체에 전기 칩을 이식한 뒤, 이 황소를 투우장에 투입하고 흥분하게 만들었어. 흥분한 황소가 델가도에게 달려들어 들이받으려는 순간, 델가도는 조정 장치 버튼을 눌러 소의 편도체에 전기 자극을 가했어. 그러자 황소는 거짓말처럼 공격을 멈추었지. 황소만이 아니야. 편도체의 활동을 정지시키면 사납게 찍찍대던 쥐가 온순해지고 편도체를 파괴하면 더 이상 고양이를 두려워하지 않는단다.

찰스 위트먼(Charles Joseph Whitman)은 미국 최악의 총기 사건의 하나인 1966년 텍사스대학교 시계탑 총기 난사 사건의 범인이야. 이 사건으로 무려 18명이 사망하고 31명이 다쳤어. 위트먼은 경찰에게 사살당했는데 사후 부검을 했더니 뇌의 측두엽에서 편도체를 누르는 종양이 발견되었어. 편도체가 공격성에 결정적인 영향을 미친다는 증거인 셈이야.

편도체는 얼굴 표정을 통해 타인의 감정을 파악하는 역할도 해. 몇몇 과학자들이 타인의 감정 인식에 대한 청소년과 성인의 차이를 파악하기 위한 실험을 진행했어. 그 결과 사춘기에 들어서면 타인의 표정을 통해 감정을 파악하는 능력이 둔해진다는 것을 알아냈어. 반면 성인은 표정을 읽는 과정에서 편도체와 전두엽을 모두 사용했어. 이는 편도체를 통해 타인의 감정을 추측하고 전두엽을 통해 추측한 내용을 평가하고 해석한다는 뜻이야. 또한 성인이 되면서 감정을 담당하는 부분이 확장되고 감정의 주도권이 전두엽에게 넘어간다는 의미이지. 사춘기가 되면서 편도체를 포함한 변연계는 강력한 경쟁자를 만나는데 그것이 바로 전두엽이야.

 ## 전두엽을 다친 뒤 딴사람이 되다

전두엽에 대해서는 지난 장에서 꽤 자세히 살펴보았어. 살짝 되짚어 보자. 뇌의 앞부분, 이마 부위에 위치한 전두엽은 예측, 판단, 조절, 의사 결정 등을 관할하는데 10대 중후반 이후에 발달하기 시작해. 청소년기 뇌 발달의 특징인 과잉 생산과 가지치기가 전두엽을 중심으로 일어나고 전두엽이 팽창하는 과정에서 뇌의 다른 부위와의 기능 연결이 원활하지 않아 일시적인 오류가 발생하기도 하지.

물론 청소년기라고 해서 전두엽이 아무 역할을 하지 않는다는 뜻은 아니야. 다만 복잡한 과제를 수행하는 데 시간이 오래 걸리고 오류가 많아 성인보다 훨씬 더 노력해야 해. 실제로 청소년들은 잠시 주의를 다른 곳으로 돌리게 하면, 흔히 과제를 완수하지 못하거나 문제 해결에 실패하기 쉬워.

청소년기에는 감정, 정서, 쾌락을 관장하는 변연계가 먼저 발달할 뿐 아니라 활발하게 활동해. 반면 통제, 예측을 포함한 이성적·합리적 의사 결정에 관여하는 전두엽은 미숙한 상태야. 그러다 보니 변연계와 전두엽이 적대적 관계처럼 보일 수 있는데 실은 그렇지 않아. 서로 협력하고

균형을 맞춘다고 이해하는 편이 더 정확해. 감정과 이성이 균형을 맞출 수 있도록 협력하는 것이지.

의학에서 많은 발견이 그러하듯 전두엽의 역할도 우연하고 불행한 사고를 통해 밝혀졌어. 1848년 미국 버몬트주 캐번디시 근처의 철로 공사장에서 발파 작업을 하던 피니어스 게이지(Phineas Gage)는 쇠막대가 머리를 관통하는 끔찍한 사고를 당했어. 이 사고로 게이지는 뇌의 일부가 땅에 쏟아졌지만 목숨은 잃지 않았어. 그뿐이 아니야. 게이지는 의식도 잃지 않았어.

그러나 사고 이후 게이지는 완전히 다른 사람이 되어 버렸어. 동료들에 따르면 "게이지는 더 이상 게이지가 아니"었어. 예의 바르고 성실하고 책임감이 강했던 게이지가 충동적이고 공격적이며 걸핏하면 욕설을 해 대는 사람이 된 거야. 결국 게이지는 해고되었지.

게이지는 왜 다른 사람이 되었을까? 그것은 게이지의 뇌에서 손상된 부위가 전두엽이었고 전두엽의 기능 가운데 하나가 규범이나 규칙을 준수하도록 하는 것이기 때문이야. 또한 전두엽은 공격적인 행동을 억제하고 도덕적인 판단에 결정적인 역할을 해. 그래서 전두엽이 손상된 사람들은 도덕적·사회적인 규범을 습득하는 데 어려움을 겪는 것으로 알려져 있어.

전두엽은 공격성에도 관여해. 공격성을 누그러뜨리고 도덕적인 방법으로 문제를 해결할 수 있도록 돕지. 충동성의 핵심이 계획 없이, 결과를 고려하지 않고 행동하는 것이라면 공격성은 신체적·정신적·언어적 방법으로 타인에게 고통을 주면서 자신의 목적을 달성하려는 행위 및 정서로 규정할 수 있어. 충동성과 공격성은 조금 다르지만, 서로 영향을 주고받지.

덜덜덜~ 뇌를 잘라낸다고?!

1900년대 중반부터 수십 년간 인위적으로 전두엽을 손상시키는 전두엽 절제술이 대규모로 이루어졌다. 전두엽 절제술은 동물 실험을 잘못 해석하고 비판 없이 인간에게 적용한 수술로, 정신분열증 환자나 공격성이 강한 환자에게 효과적이라고 여겨졌다. 전두엽 신경을 절제한 침팬지의 공격성과 감정 기복이 극적으로 감소했음을 근거로 인간에게도 같은 효과가 있으리라 판단한 것이다.

1935년 첫 전두엽 절제술이 시행된 이후 미국에서만 1949년에 5,074명, 1951년에 1만 8608건이 시행될 만큼 당시 전두엽 절제술의 인기는 대단했다. 안토니우 에가스 모니스(António Egas Moniz)가 전두엽 절제술을 고안한 공로로 노벨 생리의학상을 받을 정도였다.

그러나 당시에도 전두엽 절제술은 **부작용이 적지 않았다.** 환자들은 고열, 구토, 배변 및 배뇨 이상, 안구 운동 이상을 호소했고 간질에 시달리거나 심지어는 사망에 이르는 경우도 있었다. 넋이 나간 듯 주변에 무관심하거나 언어 능력을 상실한 환자들이 나타났으며 감정 표현이 급격히 줄어들고 독립적 판단 능력도 사라졌다. 심한 공격성은 일부 감소했지만 그 외 정신 증상의 호전은 없었는데도 과학자들은 전두엽 절제술의 부작용을 쉽사리 인정하지 않았다.

역설적인 것은 전두엽 절제술을 고안한 모니스가 수술에 불만을 품은 자신의 환자가 쏜 총에 맞았다는 사실이다. 모니스는 말년을 휠체어에서 보냈다.

베트남전 참전 군인에 대한 연구에 따르면, 전두엽이 손상된 군인이 더 공격적이고 폭력적인 성향을 보였어. 또 전두엽에 영향을 주는 뇌 질환은 간혹 충동적이고 공격적인 행동을 동반해. 몇 년 전 영국에서 수술 후 환자의 간에 자신의 이름을 새긴 외과 의사가 적발되었는데, 이후 이 의사는 피크병 초기임이 드러났어. 피크병은 전두엽에서 시작되는 치매의 일종으로, 초기 단계에서는 행동 장애가 전면에 나타나고 몇 년이 지나야 치매 증상이 나타나.

한편 사춘기가 되면 뇌하수체에서 성호르몬이 생산되기 시작해. 성호르몬은 청소년의 뇌에 영향을 미쳐서 여러 행동의 변화, 특히 이성에 대한 관심과 충동성, 공격성을 유발해.

여러 성호르몬 중에서 충동성, 공격성과 밀접한 성호르몬은 테스토스테론이야. 테스토스테론은 남성 호르몬으로 분류되지만 여성에게도 분비된단다. 2017년 미국 캘리포니아 공과 대학을 포함한 공동 연구진이 발표한 연구에 따르면 체내 테스토스테론의 농도와 충동성, 위험 행동 사이에는 높은 상관관계가 있어. 이 실험은 10~14세 남성 청소년을 대상으로 했는데 테스토스테론의 농도가 높을수록 즉각적 보상과 충동적 선택 경향이 큰 것으로 나타났어. 이 외에 여러 연구에서 문제 행동, 비행 또는 범죄에 연루된 남성 청소년이 그렇지 않은 남성 청소년에 비해 체내 테스토스테론의 농도가 높은 것으로 보고되고 있어.

주목할 만한 것은 17세가 되면 체내 테스토스테론의 농도가 여전히 높은데도 청소년의 문제 행동과 비행은 감소하기 시작한다는 사실이야. 이는 테스토스테론이 여전히 충동성과 공격성을 촉진하지만 전두엽이 활동을 시작하면서 그것을 제어하고 도덕적·사회적인 행동과 문제 해결 방법을 선택하기 때문이란다.

충동성, 나쁘기만 한 걸까?

변연계, 전두엽, 테스토스테론의 영향으로 청소년기에 충동성이 증가한다는 것, 이제 잘 알겠지? 하지만 왜 사춘기가 되면 변연계와 전두엽, 테스토스테론이 변하면서까지 충동성이 증가하는 걸까? 혹시 청소년기에 충동성이 높아져야 하는 이유가 있는 것은 아닐까?

청년기에 충동성이 증가하는 생물학적 변화가 일어나는 근본 원인이 뭔지 생각해 보자는 말이야. 과학자들도 바로 그 점이 궁금했어. 다른 시기도 아닌 바로 청소년기에 충동성과 관련된 인체 내 변화가 발생하는 이유는 무엇일까? 사춘기 충동성의 증가가 인간 혹은 인류에게 무언가 이득이 되기 때문은 아닐까?

과학자들은(주로 생물학자들은) 신체 구조와 작용 원리를 확인했는데도 무언가 답변이 충분하지 않을 때 진화생물학의 도움을 받아. 신체의 반응과 변화가 생명의 진화에서 특정한 역할을 수행했으리라고 추리하지.

진화론적 관점에서 청소년기 충동성의 증가가 갖는 이득은 명백해. 소속한 집단(자신과 유전적으로 유사한 집단)에서 벗어나 다른 집단(자신과 유전적으로 이질적인 집단)에 유입됨으로써 유전적 다양성을 획득하는 거지.

청소년기는 생식을 위한 준비를 시작하여 성적으로 성숙해지는 시기야. 이때 청소년들은 충동, 반항, 감정 기복, 위험 행동, 공격성, 규범 위반, 문제 행동 등으로 가족 또는 근친 내에서 잦은 충돌과 갈등을 만들어. 거듭되는 갈등과 충돌은 부모와 자녀 사이에 정서적 거리를 벌리지. 게다가 청소년들은 위험을 추구하는 성향과 충동성으로 인하여 소속 집단이 하찮거나 좁게 느껴지고 어쩐지 바깥세상이 몹시 궁금해. 어디 그뿐이야? 몸도 다 자랐으니 더 이상 부모의 그늘에 있지 않아도 살아 나갈 수 있지. 결국 청소년은 두려움을 이기고 위험을 무릅쓴 채 가족의 테두리를 벗어나게 돼. 이런 행동이 가족 혹은 근친의 범위에서 후손을 낳을 확률을 줄이고 유전 질환 위험을 감소시키며 유전적 다양성을 확보한단다. 안전한 테두리를 찢고 나가기 위해서 충동성은 필수적인 셈이야.

그렇다면 문제는 충동성이 아니라 과도한 충동성이야. 또한 몹시 걱정스러운 것은 청소년의 공격성은 날로 심해지는 반면, 피해자에 대한 가해자의 연민이나 죄책감은 감소하고 있다는 사실이야. 버릇이 없다는 이유로 둔기까지 이용해 후배를 폭행하고 피해자의 피투성이 사진을 지인에게 보냈던 사건, 초등학교 2학년 어린이에게 휴대 전화를 빌려주겠다며 접근해 살해한 사건……. 이 밖에도 금품 갈취, 폭행 및 성폭행, 절도 등을 저지르고서도 잘못을 뉘우치거나 피해자에게 사죄하지 않고 처벌을 피하거나 형량을 줄이기 급급한 청소년 범죄자들이 갈수록 늘어나는 실정이야. 이에 따라 많은 시민들이 청소년 범죄 처벌 강화를 주장하고 있어.

그러나 청소년 범죄 처벌 강화는 쉽게 결정할 수 있는 사안이 아니야. 미성

정신 이상으로 인한 범죄 처벌

1843년 영국 수상의 비서를 살해한 대니얼 맥노튼(Daniel McNaghten)은 정신 이상을 진단받고 교도소가 아니라 정신 병원에 수감되었다. 영국 정부가 자신을 살해하려 한다는 망상에 시달려 수상을 살해하려다가 실수로 비서를 살해했다고 증언했기 때문이다. 무죄 선고가 내려지자 당시 영국인들은 격분했고, 이에 빅토리아 여왕이 상원을 설득하여 정신 이상을 주장하는 범죄의 항변을 제한하는 법률을 제정하도록 했다. 이를 '맥노튼의 규칙'이라 부른다.

숙한 전두엽, 민감한 변연계, 폭증하는 성호르몬으로 판단력이 미숙한 청소년을 무작정 심하게 벌주거나 기회를 박탈할 수는 없잖아. 그렇다고 그저 미성숙하다는 이유로 잘못을 처벌하지 않을 수도 없고.

이제 과학자들은 충동성, 공격성을 포함하여 인간의 문제 행동이 타고난 것인지(이것을 과학에서는 '유전적'이라고 표현해), 환경에 의한 것인지, 유전과 환경 모두 영향을 미친다면 각각 어느 정도 책임이 있는지 본격적으로 연구하기 시작했어. 감정과 이성의 조화, 온정적이면서도 합리적이고 도덕적인 인류, 더 나은 다음 세대를 위하여 과학자들은 오늘도 연구를 계속하고 있어.

과학자들은 연구를 계속한다지만, 당장 너희 안에 충동성과 공격성이 끓어오를 땐, 어떡하면 좋냐고? 뻔한 소리로 들릴지 모르겠지만, 그럴

답답하고 부글부글
끓어 오를 땐

운동!
운동이
최고야!

땐 운동이 최고야.

　미국 정신의학회(American Psychiatric Association)의 보고에 따르면 세계적으로 청소년의 5%가 심한 우울증을 앓고 있다고 해. 많은 우울증 환자가 항우울제를 복용하는데 여러 연구에 따르면 운동이 항우울제만큼 효과적인 것으로 나타났어. 2000년 미국의 과학자들이 운동을 했을 때와 항우울제(졸로프트)를 복용했을 때의 치료 효과를 비교했는데 12주 운동이 졸로프트 복용과 맞먹는 효과가 있었고 10개월간 운동했을 때는 졸로프트보다 효과적이었다는 거야. 그뿐 아니라 항우울제는 여러 부작용이 있지만 운동은 전혀 부작용이 없었지.

　운동은 스트레스와 불안감을 줄이고 술이나 담배 등으로 인한 금단증상도 크게 완화해 줘. 또한 뇌에 산소를 공급하고 혈류를 증가시켜 기억력 향상을 돕고 전두엽의 기능을 높이는 것으로 알려져 있어. 특히 남성 청소년의 충동성과 공격성 해소에 운동이 효과적인 것으로 나타났지. 이제 답답하거나 부글부글 끓어오를 때는 운동을 해 보는 게 어떨까?

5장

새로운 것이 좋아, 강렬한 것이 좋아

× × ×

중독

언제나 스마트폰이야. 책상에서도 스마트폰,

침대에서도 스마트폰, 식탁에서도 스마트폰,

화장실에서도 스마트폰······.

내 생활은 이렇게 온통 '스마트'한데, 엄마는 내가 바보가

되어 간다며 스마트폰 중독 진단 검사를 해 보쟤.

스마트폰은 현대인의 필수품인데 중독이라니 말이 됨?

'스몸비'가 몰려온다

스마트폰 중독 검사는 한국정보화진흥원이 개발한 인터넷·온라인 게임·스마트폰 과의존 척도야. 2006년에 개발한 이 척도를 이용해서 매년 전국 만 3~69세 2~3만 명을 대상으로 대규모 조사를 실시하고 있어. 2017년 결과에 따르면 스마트폰 과의존위험군은 17.8%(전체 연령)야. 그중 청소년(10~19세)은 무려 30.6%가 과의존위험군으로 나타났고. 해마다 증가 폭이 조금씩 오르락내리락하지만 어쨌든 스마트폰과 인터넷 중독은 계속 증가하는 추세야.

아마 너는 '중독'이라는 표현에 기분이 상했을 거야. '스마트폰 그만해야겠다'고 자주 생각했지만 엄마가 '중독'이라는 말을 쓰니까 기분이 나빠졌던 것이지. 그래서 한국정보화진흥원도 스마트폰 중독이라는 표

현 대신 '과의존'이라는 표현을 사용하는 것이고.

사람들이 중독이라는 말을 좋아하지 않는 것은 중독이 붙잡혀 있는 상태, 속박된 상태를 의미하기 때문일 거야. 하지만 지금 주위를 둘러보면 스마트폰 없이 못 사는 사람들이 많아. 스마트폰을 보면서 길을 걷는 사람들, 스몸비(스마트폰과 좀비의 합성 신조어)도 많고. 스몸비는 스마트폰 사용에 집중하느라 주변 환경을 알아차리지 못해서 사고를 자주 당해. 미국 경제 전문지인 〈월스트리트 저널〉이 미국 소비자안전위원회(Consumer Product Safety Commission)의 데이터를 분석했더니 2010년부터 2014년까지 스마트폰을 보며 길을 걷다 사고가 나서 응급실을 찾은 보행자가 120% 이상 늘었다고 해. 미국에서는 보행자 사고의 10% 정도가 스마트폰을 보며 걷다가 일어난 사고라고 추정하고 있어. 홍콩에서는 휴대폰만 보며 걷지 말라는 안내문을 도로에 게시했고 스웨덴 스톡홀름에서는 스마트폰을 보며 걷는 사람을 조심하라는 내용의 경고판을 설치했어. 미국 샌프란시스코와 중국 충칭에는 스마트폰 사용자 전용 도로가 있을 정도야. 우리나라는 2016년 6월부터 시청, 연세대, 홍익대, 강남역, 잠실역의 도로 바닥에, 걸어가며 스마트폰을 보면 위험하다는 내용을 담은 교통안전 표지를 설치했어.

세계 어디에서나 청소년의 스마트폰 중독률이 가장 높게 나타나. 새로움을 추구하고 신기술과 신문물에 개방적이면서 적응력이 좋은 청소년들이 스마트폰에 열중하고 탐닉하는 것은 어찌 보면 당연한 일이야. 그러나 탐닉이 지나치면 병이 되는 법. 그만큼 중독에 쉽게 빠져들 수 있어.

중독자 = 노예 신세

중독을 뜻하는 영어 'addiction'은 라틴어 'addictus'에서 유래했어. 'addictus'는 '채무를 상환하지 못하여 채권자에게 매이게 된 노예'를 뜻해. 어원에서 알 수 있듯이, 중독은 벗어나지 못하고 매여 있는 상태를 의미해.

오래전부터 중독이라는 단어가 존재했다는 것은 중독이 오늘날만의 문제가 아니고 역사가 길다는 반증이기도 하지. 실제로 인류는 담배나 술뿐 아니라 아편이나 대마초와 같은 환각성 물질을 오래전부터 사용해 왔어. 19세기 중반 이후에는 마취제나 진통제 같은 신물질을 개발하는 과정에서 과학자들이 환각성 물질을 만들어 냈고.

중독 전문가들은 중독을 독(毒, poison)으로 대표되는 신체 유해 물질에 의한 중독(intoxication)과 알코올, 니코틴, 마약 등과 같은 약물 남용에 의한 중독(addiction)으로 나눠. 중독 연구의 초기에는 독극물이나 약물에 의해 발생한 중독에 대한 연구가 활발했어. 이 중독은 음식물에 의한 식중독, 농약 중독, 흔히 연탄가스 중독으로 불리는 일산화탄소 중독과 같이 생체가 독극물이나 약물에 의해 비정상적인 반응을 일으켜 생명에 위험을 미치는 상태야. 쉽게 말해, 독이나 독이 들어 있는 물질, 문제가 있는 물질이 신체 내에 들어오고 이 때문에 신체에 이상이 발생한 상태지. 이후 술, 담배, 아편, 대마초를 포함한 기타 물질에 대한 의존이 발생하는 중독에 대한 관심이 높아졌어. 이 두 중독은 모두 물질에 의한 물질 중독이야.

1990년대부터 특정 행위에 지나치게 집착하거나 그 행위를 하고 싶은 충동을 조절하는 데 실패해도 중독이 발생한다는 주장이 제기되기 시작했어. 이것이 바로 행동 중독으로 도박 중독, 쇼핑 중독, 인터넷 중독, 게임 중독, 스마트폰 중독이 모두 여기에 속해.

많은 학자들이 중독의 정의, 증상, 치료 방법 등에 대해 연구하고 있어. 중독이란 무엇인가, 즉 중독의 정의는 학자마다 조금씩 달라. 하지만 모든 중독은 크게 5가지 특징을 가져. 첫째, 특정 물질이나 행동에 지나치게 집착하거나 갈망해. 둘째, 그 물질이나 행동에 대한 통제력을 상실해. 셋째, 이로 인해 자신과 주변 사람에게 피해를 입혀. 넷째, 부정적인 결과가 계속 발생하는데도 그 물질이나 행동을 지속해. 다섯째, 내성과 금단 증상이 나타나.

어떤 물질이나 행동에 대한 통제력을 상실한다는 것은 그만두고 싶을 때 그만둘 수가 없다는 뜻이야. 내성은 어떤 물질이나 행위가 반복될

수록 효과가 감소하는 현상을 가리켜. 전과 똑같이 해서는 같은 효과를 얻지 못하게 되기 때문에 물질의 사용량이나 활동의 강도 또는 횟수를 늘려야 하지. 금단 증상은 중독된 약물의 섭취나 활동을 중단할 때 나타나는 매우 고통스러운 증상이야. 금단 현상을 없애기 위해서는 동일하거나 유사한 자극이 필요해. 알코올 중독을 예로 들어 설명해 볼까? 알코올에 중독되면 점점 많은 양의 술을 마셔야 취기를 느낄 수 있어. 이것이 내성이야. 알코올에 중독된 사람이 알코올 섭취를 중단하면 맥박 수가 크게 증가하거나 손이 떨리고 불안하거나 초조해지면서 몹시 견디기 힘들어져. 이것은 금단 현상이야. 그러나 다시 술을 마시면 금단 증상은 곧 사라져.

이 외에도 기분의 변화, 갈등, 강박, 재발을 중독의 주요 증상이자 중독을 진단하는 기준으로 제안하기도 해. 물질이나 행동 여부에 따라 기분이 쉽고 크게 변한다면, 또는 중독 때문에 자신과 주변인 사이에 갈등이 발생한다면 중독이라고 볼 수 있지. 강박은 특정한 방법으로 행동하려는 강하고 반복적인 충동이야. 쉽게 말해 그 행동이나 생각을 멈출 수 없는 것으로 반복적인 손 씻기, 다리 떨기, 눈 깜박이기, 짧은 괴성 지르기 등이 대표적이지. 재발은 중독이 다시 발생함을 말하는데 실제로 많은 수의 중독자가 동일한 중독 또는 유사한 다른 중독에 빠져. 헤로인 중독에서 간신히 벗어났더니 알코올 중독에 빠진다거나 쇼핑 중독이 치료되고 얼마 뒤 인터넷 중독이 시작되는 사례가 적지 않아. 전문가들은 이것을 중독의 이행이라고 불러.

이와는 달리 한국정보화진흥원에서는 스마트폰 과의존을 진단하는 요인으로 현저성, 조절 실패, 문제적 결과를 활용해. 현저성은 개인의 삶에서 스마트폰 이용이 가장 중요한 활동이 되는 것, 조절 실패는 개인의 주관적 목표와 비교하여 스마트폰 이용에 대한 자율적 조절 능력이 떨어지는 것, 문제적 결과는 스마트폰 이용으로 인해 신체적·심리적·사회적으로 부정적인 결과를 경험하는데도 스마트폰을 지속적으로 이용하는 것을 가리켜. 지금 너는 어떤가 궁금해? 다음 표를 보고 한번 체크해 봐.

한국정보화진흥원의 스마트폰 과의존 척도

요인	항목	전혀 그렇지 않다	그렇지 않다	그렇다	매우 그렇다
조절 실패	1. 스마트폰 이용 시간을 줄이려 할 때마다 실패한다.	❶	❷	❸	❹
	2. 스마트폰 이용 시간을 조절하는 것이 어렵다.	❶	❷	❸	❹
	3. 적절한 스마트폰 이용 시간을 지키는 것이 어렵다.	❶	❷	❸	❹
현저성	4. 스마트폰이 옆에 있으면 다른 일에 집중하기 어렵다.	❶	❷	❸	❹
	5. 스마트폰 생각이 머리에서 떠나지 않는다.	❶	❷	❸	❹
	6. 스마트폰을 이용하고 싶은 충동을 강하게 느낀다.	❶	❷	❸	❹
문제적 결과	7. 스마트폰 이용 때문에 건강에 문제가 생긴 적이 있다.	❶	❷	❸	❹
	8. 스마트폰 이용 때문에 가족과 심하게 다툰 적이 있다.	❶	❷	❸	❹
	9. 스마트폰 이용 때문에 친구 혹은 동료, 사회적 관계에서 심한 갈등을 경험한 적이 있다.	❶	❷	❸	❹
	10. 스마트폰 때문에 업무(학업 혹은 직업 등) 수행에 어려움이 있다.	❶	❷	❸	❹

※ 기준 점수(40점 최고점) : (청소년) 고위험군 31점 이상. 잠재적위험군 30점 ~ 23점
(성인) 고위험군 29점 이상. 잠재적위험군 28점 ~ 24점
(60대) 고위험군 28점 이상. 잠재적위험군 27점 ~ 24점

중독의 특징과 판별 기준에 맞춰 일상에서 흔히 나타나는 스마트폰 중독의 모습을 그려 볼까? 버스나 지하철 안, 식탁이나 책상 앞에서도 스마트폰을 놓지 못해. 잠깐이라도 짬이 나면 어느새 스마트폰으로 무언가 하고 있지. 가끔 '스마트폰을 너무 많이 하는 것 같다.'는 생각이 들지만 멈출 수가 없거나 '나보다 더 빠진 사람도 많은데.'라며 자기 위안을 해. 스마트폰이 옆에 있으면 공부에 집중할 수가 없고 공부를 하면서도 스마트폰에 새 메시지가 왔는지 궁금해서 참을 수가 없어. 몇 분에 한 번씩 스마트폰을 습관적으로 확인하고, 확인을 할 수 없거나 스마트폰이 수중에 없으면 몹시 불안해. '이러면 안 되는데.' 하는 마음이 들어 스마트폰을 조금 멀리하려 하지만 그럴수록 스마트폰 생각이 간절하고 쉽게 결심이 무너져. 잠자리에서 '조금만 보고 자야지.'라며 스마트폰을 손에 쥐지만 정신 차리고 나면 한두 시간이 후딱 지나가 있어. 그뿐이 아니야. 스마트폰 때문에 부모님이나 선생님 또는 친구들과 문제가 자주 생기고 특히 부모님과 갈등이 심해. 엄마는 스마트폰 정지시켜 버린다고 화를 내고 아빠는 스마트폰을 부숴 버린다면서 위협하지.

이러다 뇌가 팝콘이 되겠어!

그렇다면 대체 우리는 하루에 얼마나 스마트폰을 이용할까? 한국언론진흥재단이 실시한 〈2016 10대 청소년 미디어 이용 조사〉에 따르면 10대 청소년의 하루 평균 모바일 인터넷 활용 시간은 139분이었어. 모바일 인터넷, PC 인터넷, 메시지 서비스, 소셜 네트워크 서비스(Social Network Service, SNS), 1인 방송(유튜브 등), 라디오, 종이 신문, 잡지 등 여러 미디어 중에서 모바일 인터넷 이용률이 91.7%로 가장 높았어.

스마트폰은 중독을 유발하기에 매우 강력하고 매력적인 조건을 갖고 있어. 휴대성과 이동성이 뛰어나고 편리할 뿐 아니라 부모나 교사의 감시를 피하기 좋고 무선 인터넷 속도도 아주 빠르지. 중독의 주요 유발 요인인 물리적 접근성, 심리적 접근성, 내용의 자극성을 모두 갖추고 있어. 거의 언제 어디서나 휴대할 수 있으니 물리적 접근성이 뛰어나고 술, 담배, 약물과는 달리 사회적으로 나쁜 행동이 아니어서 심리적 접근성이 좋지. 항상 새롭고 흥미로운 내용이 업데이트되므로 자극성도 높고.

여러 국가와 기관에서 청소년의 스마트폰 중독과 이용에 대해 우려를 표하고 있어. 스마트폰의 과도한 사용으로 인한 위험과 폐해도 계속 보고되고 있고. 스마트폰은 청소년 수면에도 영향을 미치는 것으로 알려져 있어. 영국 카디프대학 연구 팀은 청소년의 경우 잠자리 머리맡에 스마트폰을 두는 행위만으로도 수면 부족 가능성이 79%, 수면 질 하락 가능성은 46% 증가한다고 발표했어.

스마트폰뿐 아니라 인터넷 중독, 게임 중독도 안심할 수 없는 상황이야. 그로 인한 심각한 사건이 심심찮게 보도되었고 중학생이 인터넷 게임을 중단하라는 어머니를 살해하고 자신도 목숨을 끊는 등 사망 사건까지 발생하기도 했어.

제3의 스크린

스마트폰은 인류의 의사소통 방식을 비롯하여 마케팅에도 큰 변화를 몰고 왔다. 비즈니스 전략가이자 칼럼니스트인 척 마틴(Chuck Martin)은 저서 《서드 스크린》에서 스마트폰을 세상을 바꾼 세 번째 혁명적 스크린으로 꼽았다. 첫 번째는 TV, 두 번째는 컴퓨터이다.

전화기 때문에 병에 걸린다고?

과도한 스마트폰 사용은 신체에도 영향을 미친다. 대표적인 것이 **거북목 증후군**이다. 거북목 증후군은 마치 거북의 목과 같이 목이 앞으로 빠지면서 굽는 증상이다. 거북목 증후군은 근육이 부족할수록, 나이가 들수록 쉽게 나타나지만 근래에는 **스마트폰과 컴퓨터의 사용으로** 나이에 관계없이 많이 발생하고 있다.

거북목 증후군은 위급하거나 위중한 질환은 아니지만 어깨 결림, 두통, 수면장애 등 다양한 통증과 장애를 유발한다. 거북목 증후군이 심할 경우에는 폐활량이 감소하기도 하는데 이는 목 주변의 근육이 갈비뼈를 들어 올려 호흡을 도와주는 기능에 문제가 발생하기 때문이다.

다른 증상은 손목 통증, 손가락 통증이나 저림 증상으로, 심해지면 **손목터널증후군**으로 악화된다. 손은 28개의 손가락뼈와 10개의 손바닥뼈, 16개의 손목뼈로 이루어져 있으며 뼈와 뼈 사이는 힘줄과 인대, 근육 등이 빽빽하게 연결되어 있다. 스마트폰을 과도하게 사용하면 이들 뼈, 힘줄, 인대, 근육에 이상이 발생하고 심한 경우에는 글씨를 쓰거나 물건을 들 수 없을 정도로 통증이 심해진다.

이 외에도 화면을 보느라 눈이 건조해지는 **안구건조증**과 안구 충혈, 체력 저하, 긴장성 두통, 기억력 감퇴 등의 신체 증상이 나타날 수 있다.

최근 들어 학교 폭력 문제가 심각해지면서 청소년의 인터넷 중독이나 게임 중독으로 인한 사건·사고가 상대적으로 적게 보도되고 있지만, 인터넷과 게임에 의한 부작용은 결코 감소하지 않았어. 오히려 인터넷 중독, 게임 중독이 스마트폰 중독과 결합되는 사례가 늘고 있지. 꽤 많은 사람들이 버스나 지하철에서 쉬지 않고 메시지를 보내거나 스마트폰 게임을 하고 유튜브를 시청하는 것을 보면 인터넷, 게임, SNS, 메시지 서비스 등 각종 과의존과 중독이 스마트폰을 매개로 하여 이루어지거나 결합되는 형태임을 알 수 있어.

　전문가들은 스마트폰을 포함한 디지털 기기의 과도한 사용이 청소년의 뇌 발달에 악영향을 미칠 수 있다고 경고해. 2011년 미국 워싱턴대학교 정보과학부 데이비드 레비(David Levy) 교수는 팝콘 브레인(Popcorn Brain)이라는 현상을 소개했어. 팝콘 브레인이란 뇌가 '팝콘'처럼 튀어 오르는 것, 강렬한 자극에만 반응하고 느리게 변화하는 진짜 현실이나 감정, 잔잔하고 미묘한 자극에는 무감각해지는 현상이야. 2011년 중국 연구진은 하루 10시간 이상 인터넷을 사용하는 14~21세의 청소년들의 뇌와 하루 2시간 미만 동안 사용하는 청소년들의 뇌를 기능성자기공명영상(fMRI)으로 촬영해서 인터넷 중독이 뇌의 구조를 바꾼다는 사실을 알아냈어. 하루 10시간 이상 인터넷을 사용하는 청소년들은 하루 2시간 미만 사용자들에 비해 뇌의 백질 부위가 뚜렷하게 두꺼웠어. 백질이 비정상적으로 두꺼워지거나 커지면 감정 조절, 의사 결정, 자기 통제 등에 어려움을 겪는 것으로 알려져 있지.

행복과 위험을 동시에 선사하는 약물들

　사실 우리 주변에는 중독을 유발하는 물질과 행위가 널려 있어. 담배와 술이 대표적이지. 청소년의 담배와 술 구입은 법으로 금지되어 있고, 필요할 경우 업소에서는 신분증 제시를 요구할 수 있지만 청소년의 흡연율과 음주율은 좀처럼 줄어들지 않아. 교육부, 보건복지부, 질병관리본부가 합동으로 진행한 〈2016 청소년 건강 행태 온라인 조사〉에 따르면 2015년 우리나라 청소년의 음주율은 16.7%야. 청소년보호법에서 청소년에게 주류 판매를 금지하고 있지만 술을 사려고 시도한 청소년 중 구매할 수 있었던 비율은 남학생이 71.8%, 여학생이 73.3%로 매우 높았어.

　같은 조사에서 드러난 청소년 흡연율은 남학생 9.6%, 여학생 2.7%야. 청소년보호법은 청소년의 담배 구입 또한 금지하고 있지만 담배를 구입할 수 있었던 남학생은 73.4%, 여학생은 64.7%였어. 청소년들이 처음 담배를 피우게 된 주된 이유는 호기심(53.3%)이 가장 높고 친구의 권유(26.2%), 선배의 권유(7.3%) 순이었어.

　담배의 성분 중 중독을 유발하는 성분은 니코틴이야. 니코틴은 말초 신경을 흥분시키고 말초 혈관을 수축해서 혈압을 상승시키는 작용을 해. 사실 니코틴은 독성이 강한 물질이야. 낮은 농도의 니코틴은 인간을 비롯한 포유류에게 각성 효과를 나타내지만 농도가 높아지면 생명을 위협할 수도 있어. 인체의 니코틴 치사량은 약 60mg이야. 흡연이 아니라 주사 등의 방법으로 직접 섭취하면 4~5mg만으로도 성인 남성을 급성 니코틴 중독 상태에 빠뜨리고 생명을 빼앗을 수 있어. 급성 니코틴 중독 상태가 되면 구토, 맥박과 호흡의 상승 같은 흥분 현상이 나타나고 심할 때는 경련, 실신, 호흡 마비 등의 증상이 나타나. 담배 한 개비의 니코틴 함량이 2mg 이하이고 한 번에 들이마시는 연기에 니코틴이 0.1~0.2mg 포함되어 있으니까, 산술적으로는 담배 20~30개비를 한꺼번에 피울 경우 생명이 위험해지거나 사망에 이를 수 있지.

니코틴 중독은 인간에게 가장 흔하고 또 심각한 중독 가운데 하나야. 금연에 성공한 사람들은 "금연에 성공은 없다, 흡연 욕구를 계속 참고 있을 뿐."이라는 말로 금연의 어려움을 호소하곤 해. 그만큼 니코틴의 의존성이 강력하다는 거야. 니코틴은 아세틸콜린이라는 신경전달물질과 비슷한 작용을 해. 아세틸콜린은 기억과 판단에 관여하는 신경 세포를 자극해서 집중력을 높여. 또한 긴장감을 해소하고 불안감을 감소시켜 안정감을 느끼게 하지. 그래서 흡연자는 흥분하거나 스트레스를 받을 때 담배를 더 많이 피우게 돼. 흡연을 통해 폐로 들어온 니코틴은 약 7초 후 뇌에 도달해서는 도파민의 분비를 일시적으로 증가시킨단다. 도파민이 뇌의 보상 체계, 즉 쾌락과 관련된 뇌 영역에 관여한다고 했던 것, 기억나지?

한편, 술에 들어 있는 알코올은 에탄올이야. 에탄올 역시 도파민의 분비를 촉진해. 이 밖에도 술은 간, 췌장, 위장에 악영향을 미쳐. 뇌에 심각한 손상을 입힐 수 있고 심할 경우 치매(알코올성 치매)를 유발해.

술이나 담배 외에도 인간의 뇌에 영향을 미치는 약물은 여럿 있어. 세계 곳곳에서는 오래전부터 이런 약물들을 마취제 혹은 진통제로 사용해 왔지. 남아메리카에서는 코카나무의 잎을 사용해 왔고 중국을 비롯한 아시아에서는 양귀비를 재배해 왔어.

세상 최고의 쾌락을 느껴봐!
공부하느라 힘들지?
너도 부자가 될 수 있어!
한정판이야, 서둘러.
너의 근심과 걱정 내가 덜어 줄게.
online CASINO
A

19세기에 들어서면서 과학자들은 이들 식물에서 진통이나 마취 효과를 일으키는 성분을 추출해서 강력한 약물(진통제, 마취제, 각성제 등)을 만들어 내기 시작했어. 코카잎에서는 코카인을, 페요티 선인장의 꽃에서는 메스칼린을, 양귀비에서는 아편, 헤로인, 모르핀을 만들어 냈지.

1887년에는 실험실에서 암페타민을 합성해 냈어. 암페타민은 매우 강력한 중추 신경 흥분제로 사고력, 기억력, 집중력을 순식간에 상승시켜. 그래서 암페타민을 복용하면 피로감이 사라지고 신체가 일시적으로 매우 활기를 띠지. 암페타민에는 식욕 억제 효과가 있어서 어느 제약 회사에서는 암페타민을 식욕 억제제로 개발해 판매하기도 했어.

암페타민은 뇌에서 도파민과 세로토닌이 많이 분비되도록 만들어. 세로토닌은 신경 전달 물질로 식욕, 수면에 관여하고 기억력, 학습, 사고 기능에 영향을 미쳐. 또한 행복감과 관련이 깊어서 세로토닌이 모자라면 우울증, 불안증 등이 생기는 것으로 알려져 있어.

양귀비를 원료로 하는 약물들은 모두 통증을 줄여 주는 작용을 해. 통증은 불편하지만, 살아남기 위해 반드시 필요한 기능이야. 통증이 없다면 인간 그리고 동물은 신체가 손상을 입은 사실을 즉시 알아차리지 못하거나 치료를 소홀히 할 수 있고 이에 따라 심각한 감염이나 질병, 장애, 죽음에 이를 수 있

전쟁에 사용된 암페타민

제2차 세계 대전에서는 전투기 조종사들에게 암페타민을 복용하도록 하기도 했다. 목표 지점까지 항공하는 동안 집중력을 유지하기 위해서였다. 영국, 프랑스, 미국, 구소련 등을 중심으로 한 연합군과 독일, 일본, 이탈리아로 구성된 추축국 모두 암페타민을 사용했다. 역사학자들은 히틀러가 제2차 세계 대전 막바지에 보인 괴상한 행동의 원인을 암페타민 과다 사용으로 추측한다. 암페타민을 장기간 과다 사용하면 정신분열증과 유사한 증상이 나타날 수 있기 때문이다.

어. 반면 지나치게 심한 통증은 도망치거나 맞서 싸우는 상황에서 방해가 될 수도 있어. 이때 뇌에서는 엔도르핀이라는 신경 전달 물질이 분비되면서 통증이 감소해. 왜 엔도르핀이 뇌에서 분비되느냐고? 통증은 다치거나 상처를 입은 신체 부위가 아니라 뇌가 느끼기 때문이란다. 엔도르핀이라는 말 자체가 신체 내에서 분비되는 모르핀이라는 의미야.

아편, 헤로인, 모르핀은 엔도르핀에 비해 진통 작용이 훨씬 강력할 뿐 아니라 행복감을 느끼게 한단다. 아울러 심각한 부작용을 동반하지. 이들 약물을 복용하면 짧은 시간 동안 엄청난 행복감을 느끼지만 그 상태에서 벗어나면 심각한 우울과 무기력감을 느껴. 뇌 속에 엔도르핀이 완전히 말라서 다시 차오를 때까지 힘든 상태가 지속되기 때문이야. 그러다 보니 뇌는 약물에 쉽게 사로잡히게 되지.

중독이 뇌 질환이라고?

그렇다면 인간은 왜 중독되는 것일까? 왜 어떤 사람은 중독되고 어떤 사람은 중독되지 않을까? 중독을 유발하는 물질이나 행동을 유독 청소년에게 제한하고 금지하는 이유는 무엇일까? 성인에게도 유해하고 성인도 중독될 수 있는데 말이지.

우선 첫 번째 질문. 그렇다면 인간은 왜 중독되는 것일까? 이 질문에 대해 과학자들은 쾌락과 보상으로 설명해.

중독은 흔히 긍정적 보상의 경험에서 시작해. 쾌락을 느끼거나 고통을 덜어 낸 경험은 좋은 기억으로 남고, 자신에게 만족스러운 결과를 낳은 행동을 더 많이 더 자주 하고 싶어 하게 되지. 긍정적 보상에 대한 기억은 생명체가 적응하고 생존하는 데 매우 중요해. 인류학자인 프랜시스 존스턴(Francis Johnston)은 진화적 관점에서 개체의 생존, 종의 번식, 종의 번식을 돕는 사회적 지위를 확보하려는 행위들은 대부분 쾌락을 제공한다고 주장했어. 쉽게 말해 식량, 짝짓기, 무리 내 서열 등을 가리켜. 하루 종일 굶은 뒤 간신히 맛보는 먹을거리, 나의 유전자를 남길 수 있는 짝짓기는 물론이고 식량의 분배와 짝짓기의 횟수에서 우선권을 확보할 수 있는 권력의 획득까지……. 먹고 마시고 자는 기본적인 욕구, 종족 보전 활동을 비롯한 인간의 본성과 삶의 동기가 쾌락과 관련이 있고, 쾌락을 주었던 행동은 계속 반복하고 싶은 강한 애착을 발달시킨다는 주장이야. 애착은 인간과 동물이 자신이 아닌 다른 인간이나 동물 또는 특정한 대상을 가까이 하고 이를 유지하려고 하는 행동이란다.

그러나 쾌락을 얻을 수 있는 행동이라도 그 행동이 과도하게 반복되면 문제가 발생해. 내성이 생기면서 이전에 비해 만족감이 감소하지. 따라서 이전과 같은 만족감을 경험하려면 자극의 강도가 강하거나 시간이 길어야 해. 그뿐만 아니라 금단 증상도 나타나. 금단 현상에 의한 고통을 해소하기 위해 문제 행동을 되풀이하게 된단다.

이제 두 번째 질문. 왜 어떤 사람은 중독되고 어떤 사람은 중독되지 않을까? 더 나아가 중독에 쉽게 빠지는 유형이 있는 것은 아닐까?

과거에는 의지가 부족하거나 세상을 두려워하는 사람들이 중독에 빠진다고 믿어 왔어. 따라서 의지가 굳으면 얼마든지 중독에서 벗어날 수 있다고 생각했고 중독은 오로지 개인의 문제라고 여겼지. 그러나 지금은 뇌 과학을 포함한 과학적 측면과 심리적 측면, 사회적 측면, 환경적 측면, 개인적 측면을 모두 고려하고 있어.

2011년 미국 중독의학회(American Society of Addiction Medicine)는 "중독은 뇌의 보상 및 동기, 기억과 관련된 회로의 주요 만성 질환"이라고 새롭게 정의했지. 중독이 뇌의 질환이라는 공식 입장을 처음으로 채택한 거야. 이전에는 중독을 약물 오남용에 한정된 문제로 간주했거든. 중독이 만성 질환이라는 것은 당뇨병이나 고혈압처럼 한번 발생하면 쉽게 완치되지 않고 꾸준히 관심을 기울이고 조절해야 하는 질환이라는 의미야.

중독이 뇌의 질환이라는 증거는 많아. 뇌 과학자이자 미국 국립약물남용연구소(National Institute on Drug Abuse)의 노라 볼코(Nora Volcow)는 알코올, 니코틴, 코카인, 헤로인 등 거의 모든 중독 물질이 도파민의 분비를 급격히 증가시키거나 시냅스 안에 머무는 시간을 늘려서 보상 체계의 도파민 수치를 증가시키는 것을 발견했어. 또한 중독성 약물에 만성적으로 노출되면 뇌의 보상 체계가 변해. 도파민 기능의 기저(바닥) 수준이 저하되고 동시에 도파민에 민감해져. 즉, 보상 체계가 손상되어 자연적인 보상적 자극만으로는 쾌감을 느끼지 못하고 중독성 약물에는 민감해지는 악순환이 반복된단다.

그렇다면 행동 중독도 물질 중독처럼 뇌의 질환일까? 전문가들은 행동 중독도 뇌의 질환으로 보아야 한다고 주장하고 있어. 물질 중독에서 뇌가 보이는 반응이나 변화가 행동 중독에서도 거의 동일하게 나타나기 때문이야. 인터넷, 게임, 스마트폰, 도박, 쇼핑 등 모든 행동 중독에서 예외 없이 관찰할 수 있는 현상이지. 2010년 서울대학교 의과대학 핵의학교실에서는 양전자방출단층촬영(PET) 기법을 이용해 인터넷 게임 중독자와 코카인 중독자의 뇌를 관찰했어. 그 결과 두 중독자의 뇌에서 이상을 나타내는 부위가 동일하고 감정 조절에 있어서도 유사한 경향을 보인다는 사실을 발견했지. 연구 팀은 게임 중독도 마약 중독과 같은 뇌 질환이라고 결론 내렸어.

벨기에와 영국 과학자의 공동 연구에서도 유사한 결과가 나타났어. 14세 소년들을 대상으로 게임을 자주 하는 집단과 그렇지 않은 집단으로 나누어 fMRI를 실시했더니 게임을 즐기는 소년들의 뇌는 중독에 관여하는 보상 체계의 일부가 큰 것으로 나타났어. 이 부위는 긍정적인 환경을 기대하거나 돈, 맛있는 음식, 성관계 등 쾌락을 경험할 때 활성화되는 영역이고 약물 중독과도 관련 있는 부위였어.

전문가들은 중독의 원인 물질이나 행동에 관계없이 중독된 사람들에게서 공통적으로 나타나는 성격적 특성도 찾아냈어. 자아 존중감이 낮은 사람, 자신의 정체감에 만족하지 못하는 사람, 외로움이나 고립감을 많이 느끼는 사람, 충동적이거나 자극을 추구하는 사람, 자기 통제력이 낮은 사람, 심각한 정서적 문제가 있는 사람, 중독의 원인 물질이나 행위에 쉽게 노출된 사람, 이전에 중독 경험이 있는 사람 등이었어. 여기에 미국의 중독 전문가 킴벌리 영(Kimberly Young)은 중독되는 사람들에게는 반드시 탈출 욕구가 존재한다고 덧붙였지. 미국 라이더대학교 심리학과 교수 존 슐러(John Suler)는 인간은 타인과 따뜻하게 교류하고 정서적 지지를 받고자 하는 욕구가 좌절되면 좌절된 욕구를 왜곡된 형태로 표출하고 실현하려 하는데, 욕구를 대리 충족하는 전형적인 형태가 중독이라고 지적했어.

뇌는 평생 동안 변한대!

오랫동안 과학자들은 성인의 뇌는 변하지 않는다고 여겨 왔다. 유아기와 아동기에는 무엇을 배우고 경험하며 어떤 환경에 노출되느냐에 따라 뇌의 구조가 크게 변하지만 성인이 되면 뇌가 고정된다고 믿었다.

그러다 20~30년 전부터 성인의 뇌도 변할 수 있음을 발견하기 시작했다. 뇌의 신경 회로는 일생에 걸쳐 튼튼해지거나 약해지거나 새롭게 연결되거나 소멸되는 등 매우 잘 변하고 경우에 따라서는 대대적으로 변한다는 사실을 발견한 것이다. 뇌가 변하는 정도 및 성질을 뇌의 가소성(Plasticity)이라고 하는데 뇌의 가소성은 나이가 들수록 감소하는 경향이 있으나 완전히 사라지지는 않는다. 뇌의 가소성에 의해 뇌는 상황에 맞춰 스스로 과거의 방식을 교체하고 정비한다.

뇌 가소성을 촉발하는 요인은 개인의 삶 그 자체로, 정신적·육체적인 모든 활동과 감각, 경험, 환경, 교육, 필요를 모두 포함한다. 결국 우리는 뇌의 가소성 덕분에 새로운 환경이나 조건에 적응하고 새로운 사실과 기술을 배울 수 있다.

그러나 뇌의 가소성에는 부정적 측면도 있다. 뇌는 특정한 회로(시냅스 망)가 강해지고 단단해질수록 습관으로 받아들인다. 습관은 고착화된 행동을 유발할 수 있고 나쁜 습관은 나쁜 행동을 계속 유발하기 때문이다. 뇌에게는 효율적인 가지치기가 중요할 뿐, 좋은 습관인지 나쁜 습관인지는 전혀 중요하지 않다. 따라서 뇌의 가소성은 질환의 원인이 될 수도 있다. 중독의 원인 물질 섭취나 행위 반복이 뇌의 가소성을 촉발해 유해한 증상이나 반응이 심해지는 식이다.

왜 우리한테만 그래!

　그러나 중독에 취약한 사람들의 성격적 특성이나 심리 연구에는 한계가 존재해. 정상인 사람이 중독에 이르는 과정을 관찰하고 조사한 연구가 아니라 이미 중독된 사람들을 대상으로 한 연구거든. 그러니까 이러한 특성이 원인이 되어 중독에 이른 것인지, 중독된 결과로 인해 이런 특성이 나타나는 것인지 정확하게 알기 어려워.

　마지막으로 세 번째 질문. 어떤 물질이나 행동은 성인에게도 유해하고 성인도 중독될 수 있는데 유독 청소년에게 제한하고 금지하는 이유는 무엇일까?

　첫째, 중독 기간이 길어지기 때문이야. 중독이 쉽게 개선되지 않는 만성 질환이므로 이른 나이에 시작되었다면 상대적으로 긴 기간 동안 중독 상태를 겪을 수밖에 없어.

　둘째, 청소년기는 새로운 것, 위험한 것에 탐닉하는 시기라서 위험에 노출될 가능성이 월등히 높기 때문이야. 앞서 살펴보았듯이 청소년기에는 보상 체계와 도파민 수치에서 독특한 경향이 나타나고 이로 인해 위험을 추구하는 성향과 충동성이 증가하지. 도파민 수치는 아동기에 최고조에 이르렀다가 청소년기를 거치면서 감소하지만 유독 뇌의 전전두엽에서는 여전히 증가해. 이에 따라 뇌는 균형을 유지하기 위해 보상 체계에서 도파민 수치를 떨어뜨리지. 그래서 청소년은 쾌락을 느끼기 위해 새로운 것을 계속 찾아다니고 더 위험하고 더 자극적으로 행동하면서 다양한 중독과 위험에 노출될 가능성이 높아진단다.

셋째, 청소년기에 뇌가 새롭게 구성되면서 매우 민감하고 취약하기 때문이야. 청소년기의 뇌는 전면적인 리모델링 또는 소용돌이의 한가운데라고 표현할 만큼 변화가 크지. 또한 이 시기에는 비교적 짧은 시간 가해진 자극에도 뇌에 장기적인 변화가 일어나고 자극이 사라진 뒤에도 변화가 지속돼. 즉, 중독 원인 물질이나 행위에 의해 쉽게 변화가 발생하고 오랫동안 유지되지.

그렇다면 어떻게 해야 할까? 술이나 담배, 환각제 등 유해 약물은 처음부터 시도하지 않는 것이 최선이지만 인터넷이나 스마트폰은 사용하지 않을 수 없으니까.

중독 문제 전문가이자 심리학자인 마크 그리피스(Mark Griffiths)는 인터넷이나 스마트폰과 같은 긍정적 대상 중독에 대해서 "대상의 문제가 아니라 그것을 즐기는 태도와 성향의 문제"라고 지적한 바 있어. 중독은 어느 날 갑자기 소나기처럼 시작되는 것이 아니라 가랑비에 옷 젖듯 서서히 시작되잖아. 그러니 습관적으로 만족을 느끼는 대상, 틈이 날 때마다 생각나거나 어느새 접근해 있는 대상, 기분을 전환하고 싶을 때 항상 이용하는 대상이 있다면 조심할 필요가 있다는 거야. 예컨대 시간이 날 때마다 스마트폰을 들여다보고 자신도 모르는 사이에 어느새 스마트폰으로 무언가 하고 있다면, 집에 스마트폰을 두고 나오거나 배터리가 방전되어 스마트폰을 볼 수 없을 때 몹시 불안하고 집중할 수 없다면 혹시 중독은 아닌지 경계하고 점검할 필요가 있어.

운동이나 악기 연주처럼 억눌린 감정과 스트레스를 해소할 수 있는 대상 또는 취미를 갖는 것도 큰 도움이 되지. 또 정서적 지지를 받으며 교류할 수 있는 친구나 가족은 무엇보다 중요해. 인간은 따뜻한 인간관계 없이는 생존할 수 없기 때문이야.

가장 소중하고, 가장 두려운

× × ×

친구와 또래 집단

학원 끝나고 잠깐 티브이 보면서 미선이랑 깨똑 중이었는데,
아빠가 대뜸 짜증을 내시지 뭐야. 종일 친구랑 붙어 있었으면서
뭘 또 그렇게 할 말이 많냐는 거지. 역시 아빠는 뭘 몰라.
우리는 친구랑 하루 종일 붙어 지낼 수도 없고,
온종일 떠들 시간도 없다고! 할 말의 반도 다 못한단 말이야.
요새 미선이랑 왠지 멀어진 것 같아서 가뜩이나 불안한데…….

친구랑 노는 게 '사회화' 과정?

그래그래. 친구, 정말 좋지. 마음이 맞는 친구와 함께 있다 보면 시간이 쏜살같이 흘러가고 휴식 시간과 점심시간은 눈 깜짝할 사이에 지나가지.

청소년기는 모든 연령대 중에서 친구를 가장 좋아하는 시기야. 친구들과 모여서 이야기하고 웃고 떠들고 운동하는 것을 매우 즐기는 때야. 오해도 많이 하고 그만큼 자주 다투는 때이기도 하지. 너는 의식하지 못하겠지만 친구들과 함께하는 모든 활동과 과정이 바로 사회화란다. 사회화는 인간과 인간 사이의 상호 작용 과정, 이를 통해 사회의 구성원이 되어 가는 과정이야. 언어를 배우고 감정 표현 방법과 행동을 익히고 사람들과 관계를 맺으면서 사회에서 요구하는 규칙이나 역할을 이해하고 실천하는 모든 과정이 사회화란다. 어때, 네가 친구들과 노는 일이 모두 포함되지?

교육학자와 심리학자들은 친구 외에 '또래'라는 개념을 사용해. 또래는 일상에서도 자주 사용되는 낱말이지. 일반적으로 또래는 나이나 수준이 서로 비슷한 무리를 가리켜. 학자들은 또래의 개념을 조금 더 정교하게 규정해. 사회적으로 동등한 지위의 사람들 혹은 유사한 수준에서 상호 작용하는 사람들을 뜻하지. 나이는 다르지만 공동의 관심이나 목표를 추구하면서 각자의 능력이나 요구를 서로 맞춰 나가며 행동한다면 이 역시 또래로 볼 수 있어. 그러나 현실적으로 청소년기에는 동갑내기이거나 많아야 한두 살 차이 나는 사람들이 또래를 이룬단다.

인간이 경험하는 최초의 사회화는 가정에서 이루어지고 그중에서도 부모가 자녀의 사회화를 주로 담당하지. 형제자매나 조부모를 포함한 가족도 사회화에 영향을 미친다. 이렇게 사회화를 담당하는 주체를 사회화의 대행자라고 해. 유치원이나 학교를 포함한 교육 기관에 입학한 뒤에는 친구나 또래가 중요한 사회화의 대행자가 되지.

특히 청소년기에는 친구와 또래가 미치는 영향을 무시할 수 없어. 청소년기에 접어들면 부모와의 관계는 서서히 약화되는 반면, 또래와의 유대 관계는 강해져. 우리나라 청소년은 하루의 대부분을 학교에서 보내니 또래와 보내는 시간도 그만큼 길단다. 따라서 또래가 미치는 영향이 더더욱 중요할 수밖에 없어.

그렇다면 청소년들은 왜 친구와 또래를 좋아할까? 첫째, 친구는 평등한 관계이기 때문이야. 영국의 사회학자인 앤서니 기든스(Anthony Giddens)는 또래라는 말에는 '평등'이 내포되어 있다고 주장했어. 부모가 자녀의 행동을 통제하거나 바로잡으려는 경향이 있는 데 비해 친구와 또래는 서로의 감정이나 의견을 존중하고 또 합의하는 등 동등하기 때문이지. 그래서 부모에게는 "결국 엄마 아빠 마음대로 결정하면서 나한테 의견을 왜 물어요?"와 같은 불평이 나와도 친구나 또래 사이에는 이런 일이 드물어. 또한 친구와 또래는 부모보다 덜 위압적이고 덜 비판적이며 청소년 자신이 무엇을 원하는지 잘 알기에 친구가 원하는 그것을 기꺼이 주지.

둘째, 청소년들이 친구와 또래를 통해 가치와 필요한 정보를 얻을 수 있기 때문이야. 신기하게도 청소년기에 들어서면 부모나 교사와 같은 기성세대가 더 이상 멋있어 보이지도, 대단해 보이지도 않지. 따라 하거나 본받고 싶은 사람은 친구나 또래, 비슷한 나이의 몇몇 선배 혹은 젊은 연예인들뿐. 갖고 싶은 것과 유행하는 것들에 대한 정보도 부모가 아니라 오직 또래로부터 얻을 수 있어.

아울러 청소년들에게 친구와 또래는 일종의 실전 연습 상대, 스파링 파트너(Sparring Partner)야. 청소년들은 친구와 또래 집단을 통해 성인이 되었을 때 맡을 수 있는 사회적 역할을 미리 연습해. 원하는 역할이나 지위를 위한 자격과 기술도 훈련하지.

예를 들어 설명해 볼게. 학급 생활이나 동아리 활동, 모둠별 과제를 하다 보면 구성원들 사이에 자연스럽게 역할이 정해지잖아. 대표 혹은 지도자(leader) 역할을 맡는 아이가 있는가 하면 모둠원 역할을 맡는 아이도 있지. 그러다 어떤 아이가 '나도 지도자 역할을 맡고 싶다'는 마음이 들었다고 가정해 보자. 그렇지만 이 아이는 마음만으로 지도자 역할을 맡을 수 없어. 지도자 역할을 수행하기 위해 필요한 자질과 역량을 갖추었을 때만 그 지위를 얻고 역할을 수행할 수 있지. 모둠원 역할도 마찬가지야. 모둠의 노력과 결과에 편승하지 않는 믿음직한 모둠원으로 동료들의 인정을 받기 위해서는 성실, 정직과 같은 자질과 능력이 필요해. 이처럼 청소년은 친구 또는 또래와의 대화와 활동 속에서 우정, 동료애, 평가와 피드백, 현실적인 정보와 정서적 지지를 얻으며 서로 의지해.

셋째, 청소년에게 친구와 또래는 사회적 보상의 원천이야. 앞에서 청소년에게는 친구가 보상이라고 했던 것, 기억나지? 템플대학교 스타인버그 교수 연구 팀이 실시한 운전자 컴퓨터 게임 실험에서 청소년은 친구들이 지켜보고 있을 때 위험 행동이 크게 증가하고 보상 체계가 활성화되었지. 친구 사이 혹은 또래 집단 내에서의 안정적인 위치와 긍정적인 평가는 청소년이 자신의 자아 존중감을 높일 수 있는 중요한 원천이야.

넷째, 청소년은 친구와 또래를 통해 자아 정체감을 형성할 수 있기 때문이야. 자아 정체감은 '내가 누구인가, 나는 어떤 사람인가, 사회 속에서 내 역할은 무엇인가'와 같이 자신에 대한 정의(definition)를 뜻해. 청소년기에는 여러 교과목을 공부하고 다양한 동아리 활동을 경험하고 친구들과 함께 활동하면서 자신의 특성, 자질, 능력 등을 알아 나가지. 아동이나 성인이 아니라 비슷한 생활을 경험하고 공유하는 친구와 또래를 통해 자신을 알아 나가는 거야. 또한 친구와 자연스럽게 대화하고 토론하면서 새로운 관점이나 대안을 찾아내고 검증하고 표현하는 기회를 가져.

간혹 친구와 다투기도 하는데, 이 또한 매우 중요해. 친밀한 관계, 좋은 관계에서도 갈등은 발생할 수 있음을 배우고 자신의 입장이나 의견을 표현하는 방법, 갈등을 해결하는 기술, 서로에게 이익이 되는 대안의 도출 과정을 경험할 수 있기 때문이야.

 ## SNS 시대에 친구란?

우리 부모님이 청소년이었던 시절에는 친구의 범위가 학교와 동네를 벗어나기 어려웠어. 학원이 일반화되지 않았던 시절이라 대학 입시 재수를 할 때나 학원에 다녔고 밤늦게까지 학교에서 야간 자율 학습을 하느라 집에 가면 잠자기 바빴지. 인터넷과 휴대 전화가 없어서 친구들

과 문자 메시지나 SNS로 소통할 수도 없었어. 그래서 대개 친구는 학교나 동네에서 사귀었고 부모는 자녀의 사교 범위를 대부분 파악할 수 있었지.

그러나 지금은 사정이 완전히 달라. 인터넷과 스마트폰 덕분에 대한민국 도처에, 마음만 먹으면 세계 곳곳에 친구를 만들 수 있어. 이러다 보니 부모가 자녀의 사교 범위를 파악하기가 쉽지 않고 자녀가 부모에게 알리지 않으려 할 경우에는 사실상 알아내기가 거의 불가능해. 스마트폰은 혼자 사용하니까 남에게 알리고 싶지 않은 것은 손쉽게 숨길 수 있어. 이런 은밀성은 청소년에게는 통제로부터의 자유를 의미해. 너도 알다시피 청소년들은 부모나 교사의 감시를 피해 서로 연락을 주고받거나 감시와 통제에서 벗어나 자신들만의 사적이고 은밀한 네트워크를 형성하잖아.

이렇게 친구를 쉽게 만들 수 있는 환경은 긍정적이지만 다른 한편으로는 부정적이고 때로는 매우 위험해. 인터넷이나 SNS는 익명성을 바탕으로 하기 때문이야. 익명성은 어떤 행위를 한 사람이 누구인지 드러나지 않는 특성을 말해. 내가 SNS에서 진실만을 말한다고 해서 상대도 거짓을 말하지 않는다는 보장이 없을뿐더러 실제로 악한 의도를 가진 사람들이 익명성을 이용해서 저지르는 범죄가 끊임없이 보도되고 있어.

그렇다면 청소년은 어떤 청소년을 친구로 선택할까? 어떤 특성을 지닌 청소년을 친구로 인정하고 관계를 유지해 나갈까?

여러 연구 결과에 따르면 청소년들은 친밀감이나 안정감보다 특정 활동에 대한 선호가 비슷한가와 내가 원할 때 옆에 있어 주는가를 더 중요하게 고려하는 것으로 나타났어. 정서적으로나 감정적으로 더 끌리고 친근하게 느끼지만 좋아하는 것(기호)이 많이 다르거나 내가 원할 때 만나기 쉽지 않다면 친구 관계를 유지하기 어렵다는 뜻이야. 물리적 근접성, 곧 친구가 내 가까이 있는가도 중요한 요소야. 그저 학년 초의 첫 짝꿍이거나 앞자리 혹은 뒷자리에 앉았거나 우연히 집으로 가는 방향이 같아서 같이 다니다 보니 친해지는 것을 보면 진짜 그렇지.

이처럼 청소년들은 또래 중에서 자신과 비슷하거나 공통점이 있는 상대를 친구로 선택해. 그러다 친구의 태도나 행동에서 자신과 다른 면이 많이 나타나거나 일치하지 않으면 어떻게 될까? 대체로 셋 중 하나야. 친구 관계를 유지하면서 자신의 행동이나 취향을 바꾸거나, 친구 관계를 유지하면서 상대의 행동이나 취향을 변화시키거나, 친구 관계를 마무리하고 다른 상대를 찾거나. 너도 서먹해지거나 멀어진 친구 몇몇이 떠오르지? 친구 관계의 변화는 누구에게나 일어나는 일이라서 지나치게 힘들어할 필요가 없어. 날씨가 변하고 물이 흐르듯 친구가 바뀌고

여자 친구들 vs. 남자 친구들

일반적으로 남성은 또래와 활동을 함께하면서 가까워지는 반면 여성은 감정을 교류하면서 가까워지는 경향이 강하다. 흔히 여자아이들은 두세 명이 짝을 지어 다니고 남자아이들은 떼로 몰려다닌다.

여성이 남성에 비해 대화를 통해 우정을 쌓아 가는 경향이 강함에 대해 뇌 과학자들은 남녀의 뇌 차이를 지적한다. 인간의 뇌에서 언어를 담당하는 영역이 여성이 남성보다 17% 정도 크기 때문이라는 것이다. 또한 청소년기 여성의 뇌는 대화를 나눌 때 보상 중추가 활성화되고 옥시토신이 분비된다. 옥시토신은 출산과 젖의 분비를 돕고 친밀감과 정서적 유대감을 강화하는 역할을 한다.

친구 관계도 변화를 겪지. 소원해지는 친구가 있는 만큼 새롭게 가까워지는 친구도 있잖아. 친구 관계의 변화는 청소년기에만 일어나는 것이 아니라 성인들에게도 일어난단다.

그런가 하면 친한 친구는 시간이 갈수록 닮아 가고 비슷해져. 관심사, 취미, 운동, 학업 등 다양한 분야의 활동을 함께하면서 상대의 생각에 영향을 미쳐. 특히 청소년이 자기 개념(Self Concept)을 형성하는 데 도움이 되는 평가와 피드백을 제공하지.

물론 부모와 가족도 피드백을 제공하지만 대부분의 청소년은 부모의 피드백을 그다지 신뢰하지 않아. 부모는 자녀를 객관적으로 볼 수 없다고 생각하기 때문이야. 예를 들면, '엄마 아빠는 내가 머리는 좋은데 노력을 덜해서 성적이 안 오르는 거라고 늘 얘기하지만 그건 부모라서 그냥 하는 말일 뿐.'이라고 생각하지.

때때로 친구의 피드백은 고통을, 그야말로 극심한 고통을 주기도 해. 그럼에도 친구의 피드백은 청소년의 발달과 성장에 중요한 역할을 수행해. 자신의 단점을 확인한 뒤 고치거나 장점을 키울 방법을 찾고 노력할 수 있도록 하는 출발점이 되거든.

이처럼 일반적으로 친구와 또래는 긍정적인 역할을 해. 청소년들은 가족 밖에서 많은 시간을 보내면서 가족 이외의 관계를 탐색하고 세상을 탐험할 수 있도록 서로 돕지. 그러나 부모를 포함한 대부분의 어른들은 친구와 또래의 긍정적 역할을 다소 낮추어 평가하곤 해. 반면 '나쁜 친구'의 영향은 지나치게 염려해. 그런데 말이야, '나쁜 친구 때문에 나쁜 길에 빠진다'는 말이 사실일까?

 ## 내가 '나쁜 친구'에게 물들었다고?

흔히 엄마 아빠가 '우리 아이는 착한데 비행 청소년 친구를 사귀어서 나쁜 물이 들었다'고들 하잖아. 그런데 그런 친구를 사귀어서 그런 행동을 하게 된 것인지, 그런 행동을 하다가 그런 친구를 사귀게 되는 것인지 생각해 본 적이 있어? '닭이 먼저냐, 달걀이 먼저냐'만큼 어려운 문제지. 사실 청소년 비행에 관한 이 물음은 매우 오래된 논쟁이자 여전히 뜨거운 논제야. 부모, 교사, 학교, 교육학자 등 교육 관계자뿐 아니라 경찰과 법원 등 교정 제도 관련자, 과학자와 심리학자들까지 청소년의 비행과 비행 친구의 인과 관계 및 영향에 지대한 관심을 갖고 있지. 비행 친구와 비행 가운데 무엇이 선행되고 무엇이 원인인가에 따라 예방책이나 대응책, 교육 프로그램 등이 모두 영향을 받고 심지어 이 모든 것들을 전면적으로 수정할 수도 있기 때문이야.

비행 친구 선행론과 비행 선행론를 비교해 보기 전에 우선 살펴볼 것이 있어. 바로 청소년의 비행이 무엇이냐는 것이지. 청소년 비행은 관점, 목적, 시대에 따라 조금씩 다르게 정의돼. 예컨대 조혼(어린 나이에 하는 결혼)이 일반적이었던 조선 시대에는 청소년의 성관계가 청소년 비행이 아니었지만 지금은 권장하지 않잖아. 학자들도 저마다 청소년 비행을 조금씩 다르게 규정하는데 이 역시 그 학자가 속한 국가나 문화, 학자 개인의 가치관에 영향을 받는단다.

일반적으로 청소년 비행은 보편적·상식적 도리나 도덕 또는 법규에 어긋나는 청소년의 행동을 폭넓게 지칭해. 범위와 정도에 따라 크게 두 가지로 나눌 수 있어.

첫째, 성인이 행하면 비행이 아니지만 청소년이 행하면 문제가 되는 행동이야. 무단결석, 가출, 음주, 흡연, 성행위 등이 대표적이지. 이들 행위는 청소년이 행하면 비사회적 행동으로 간주돼. 그래서 일부 전문가들은 이런 행위를 지위 비행이라고 부르기도 해. 청소년이라는 지위에 어긋나는 행동이라는 뜻이지. 사회의 일반적 통념, 가치, 규범을 벗어난다는 의미로 일탈 행위라고 부르는 학자도 있어. 혹은 낮은 수위의 비행이라는 뜻으로 경비행이라고 부르기도 해. 이 유형의 비행은 대개 법을 어기는 행위는 아니야.

둘째, 일반적인 사회 규범이나 법률을 위반하거나 타인이나 사회에 피해를 입히는 행동이 있어. 폭행, 금품 갈취, 무단 침입, 절도, 성폭행, 살인 등이지. 최근에는 인터넷과 SNS 사용이 활발해지면서 허위 사실 유포도 포함돼. 이런 비행은 범법 비행, 중비행으로 부르고 청소년이 행했든 성인이 행했든 처벌의 대상이지.

비행 친구 선행론과 비행 선행론의 갑론을박은 아직도 결론이 나지 않고 있어. 다만 지금까지의 연구 결과를 종합하면, 경비행은 비행 친구

선행론이 우세하고 중비행은 비행 선행론이 우세해.

혼자서는 하지 않았을 나쁜 행동을 친구와 함께 엉겁결에 저질렀던 경험이 한 번이라도 있다면 경비행에서 친구의 역할을 이해할 수 있을 거야. 친구가 보고 있다는 이유만으로 위험한 행동을 하는 것도 같은 맥락이고.

다양한 자료와 연구를 살펴보면 흡연과 음주는 청소년들이 자신의 성숙함과 담력을 증명하려는 시도나 또래의 영향이 큰 것으로 나타나. 중독에서 다루었던 것처럼 음주와 흡연은 친구의 권유로 시작한 비율이 실제로 상당히 높지. 무단결석이나 가출도 친구의 영향이 커.

결석이나 가출이 비행은 아니지 않냐고? 그렇게 가볍게 볼 수만은 없어. 하루 무단결석을 하고 학교에 가거나 하루 가출 뒤 집에 들어갔다고 상상해 봐. 아아, 선생님과 부모님의 반응이 눈에 보이는 듯해. 뒷감당이 두려워 학교로, 집으로 돌아가는 시간을 미루면 장기 무단결석, 장기 가출이 되고, 어른들의 꾸지람과 벌을 견뎌 내지 못하면 상습 무단결석, 상습 가출이 되어 버려.

중비행은 자신의 개인적·사회적 원인과 특성에 의하여 비행을 먼저 저지르고, 이후 비슷한 성향의 청소년들이 무리나 집단을 이루면서 비행의 강도가 심해지는 것으로 나타나. 청소년은 집단에 소속되기를 원하고 자신과 비슷하거나 공통점이 있는 상대를 친구로 선택하는데 이는 비행 청소년도 마찬가지야. 다시 말해 비행 경험이 있거나 비행 성향이 강한 청소년들이 모여 문제 행동과 비행을 강화하는 결과를 낳아. 비행에 대한 동기와 욕구가 증가하고 서로 비행의 방법을 배우고 규범 위반에 대해 함께 합리화하는 것이지. 그 결과 경비행과 중비행을 모두 저지르면서 다중 비행의 길로 접어들고 비행의 정도가 갈수록 심해지는 악순환에 빠진단다.

그런데 말이야, 비행 친구 선행론이든 비행 선행론이든 결론은 같아. 비행 친구가 많고 자주 어울릴수록 청소년의 비행은 증가한다는 거야. 비행에서도 친구의 역할이 중요하다는 것이지.

 ## 우울이 비행을 부른다

지위 비행과 경비행을 저지르는 아이들은 충분히 이해가 가지? 하지만 범법 비행이나 중비행은…… 한마디로 말하기 어렵겠지. 다른 아이를 괴롭히거나 물건을 빼앗는 아이들을 보면 '저 애들은 왜 저럴까?' 궁금하기도 하고 '당하는 아이를 도와줘야 하는데.' 하면서 마음이 몹시 불편해. 범법 행위를 하는 아이들을 볼 때는 무섭기도 하고 말리고 싶기도 하고. 이 아이들은, 아니 너희는 왜 나쁜 행동을 하는 걸까?

과학자와 심리학자들도 그것이 궁금했어. 어떤 특성과 성향의 청소년이 비행을 저지르는지, 무엇이 청소년을 나쁜 행동으로 이끄는지, 청소년의 비행에 영향을 미치는 요인은 무엇인지 밝히고 싶었지.

청소년기에는 충동성과 자기 통제력, 자아 존중감, 불안, 우울 등 감정의 변화를 많이 경험하는데 이것들이 청소년 비행에 영향을 미치는 것으로 알려져 있어. 충동성이 강하고 자기 통제력이 약한 청소년은 유혹에 약해서 비행에 쉽게 빠질 수 있어. 여러 연구에서 비행 청소년은 자아 존중감이 낮은 것으로 나타나는데, 자아 존중감이 낮은 사람은 자아 존중감이 높은 사람을 동경하지만 그런 사람과 교제하는 데 어려움을 겪어.

무엇보다 주목할 것은 청소년의 우울감이야. 피츠버그대학교 정신과학과 교수 마리아 코박스(Maria Kovacs) 연구진을 포함한 여러 신경 과학자들은 우울감이 청소년의 비행에 미치는 영향을 밝혔어. 이들 연구 결과에 따르면 우울감이 높은 청소년은 그렇지 않은 청소년에 비해 반사회적 행동을 할 가능성이 높아. 우울한 청소년의 1/3가량이 행동 장애를 보이며 비행 청소년의 1/4 정도가 우울한 청소년이라는 보고가 있어. 이는 청소년 비행의 상당 부분이 우울과 관련 있거나 우울이 비행보다 먼저 발생할 수 있음을 시사해. 실제로 우울 증상이 호전되면 문제 행동이 사라진다는 연구 결과도 있어.

청소년의 우울증은 성인의 우울증과 증상이 조금 달라. 성인의 우울증은 지속적인 우울감, 흥미 또는 즐거움의 상실, 낙담, 슬픔, 죄책감, 의욕 저하, 집중력 감소, 불안, 수면 장애(불면 또는 수면 과다) 등의 증상이 주로 나타나지. 이에 비해 청소년 우울증은 짜증, 반항, 충동성 및 공격성, 극심한 기분 변화, 등교 거부, 성적 저하 등의 증상이 주로 나타나. 또한 두통, 복통, 현기증, 어지러움과 같은 신체 증상이 나타나기도 해.

안타깝게도 청소년은 우울감을 자각하지 못하는 경우가 많아. 자신이 우울한지 판단하는 데 어려움을 겪고 기분

마음의 감기, 우울증

우울증은 전체 인구의 7~17%가 경험할 만큼 흔해서 '마음의 감기'라고 부르기도 한다. 특히 미국의 경우 청소년 5명 중 1명이 우울증이라는 보고도 있다. 따라서 청소년 비행의 원인이 우울증이라면 치료가 우선되어야 한다.

이 나쁘다고 단순하게 생각하는 경향이 있지. 또 우울을 자각해도 어른들에게 도움을 요청하기보다는 짜증을 내거나 반항해. 우울감에서 벗어나고자 게임이나 스마트폰과 같은 즉각적·자극적 대상으로 도피하는 경향도 크고.

이 외에 미국의 사회학자인 트래비스 허시(Travis Warner Hirschi)는 저서《비행의 원인(Causes of Delinquency)》에서 개인의 사회적 유대가 약화되거나 단절되었을 때 비행이 발생한다고 보았어. 우리 모두는 보편적으로 일탈 경향과 비행 동기를 가지고 있지만 가족, 친구, 이웃 등과 유대를 맺고 있어 차마 비행을 저지르지 못하는 반면, 사회적 유대가 취약하거나 끊어지면 일탈을 막을 장치가 사라져 비행을 저지른다는 주장이야. 인간이 태어나 처음 맺는 사회적 유대는 가족이고 청소년기까지 지대한 영향을 미쳐. 그래서 허시는 부모와 가정의 역할을 강조했어. 비행 친구와의 접촉은 결과이지 원인이 아니라고 보았지.

반면 범죄학자인 로버트 애그뉴(Robert Agnew)는 청소년들이 우울감, 실망과 좌절감, 분노와 노여움과 같은 부정적 감정을 해소하기 위하여 비행을 저지른다고 주장했어. 목적 달성 실패, 기대와 성취의 괴리, 긍정적 자극 소멸, 부정적 자극 출현 등이 긴장의 원인이 되고 부정적 감정 상황을 낳는다는 거야. 긍정적 자극의 소멸은 부모의 사망이나 이별과 같이, 청소년의 일상에 긍정적 영향을 미치는 요인이 사라지는 것을 말해. 그리고 부정적 자극의 출현은 부모와의 갈등, 친구의 괴롭힘이나 소외, 교사의 체벌처럼 청소년이 일상에서 마주하는 부정적 사건이 발생하는 것을 말하지.

우리나라는 청소년의 성적을 지나치게 중요하게 여겨. 이 같은 사회적 강요와 분위기는 목적 달성 실패와 부정적 자극 출현의 원인이 되고 있어. 공부 외의 다른 분야에 관심과 재능을 보이는 청소년들을 목적 달성 실패자로 내몰고 부모와의 갈등, 교사의 무관심과 같은 부정적 사건을 부르잖아. 심할 경우 청소년기 내내 낮은 학업 성취도로 괴로워하고 자부심과 자아 존중감마저 낮아지게 만들어.

세계적인 범죄학자 로널드 에이커스(Ronald Akers)의 주장도 짚고 넘어가자. 에이커스는 청소년은 비행에 우호적인 비행 친구와의 접촉을 통해 비행이나 범죄를 저지른다고 주장했어. 맞아, 비행 친구 선행론이지. 에이커스는 범죄나 비행을 학습 행위의 한 유형으로 간주했어.

청소년들이 왜 비행을 저지르는지에 대한 굵직한 주장은 대략 이 정도야. 그러나 실제로는 여러 요인들이 영향을 주고받고 결합하고 강화되어 청소년 비행이 발생해. 극단적으로는 여유 있고 따뜻한 부모 밑에서도 자녀가 비행을 저지르는가 하면, 지극히 불우한 환경에서도 올곧게 성장하는 청소년도 있어. 학자들 역시 청소년 비행이 어느 한 가지 요인에 의해서 발생한다고 여기지는 않아. 다만, 가장 의미 있는 비행의 원인을 찾아내고 싶어 각자 다른 주장을 할 뿐이지.

 ## 아아, 똑같고 싶어!

청소년기에는 유행을 따라 하지 않으면 친구를 사귀지 못하거나 따돌림을 당하기도 하지. 친구들 사이에서 유행인 옷을 갖고 있지 않아도

또래끼리만 살면 어떻게 될까?

또래와 단절되어 성장한다면 어떻게 될까? 이 의문을 해결하기 위해 심리학자 해리 할로(Harry Harlow)는 새끼 원숭이들을 또래와의 접촉을 차단하고 어미 원숭이와의 관계 속에서만 성장하도록 했다. 다 자란 후에 또래와 접근할 기회를 제공하자 이들은 또래를 피했으며 또래가 접근하면 매우 **공격적으로 반응**했다. 또 할로는 어미 없이 또래 관계 속에서만 새끼 원숭이를 길러 보았다. 그 결과 이들 원숭이는 **서로 집요하게 매달리는 등 강한 애착**을 보였다. 이들은 작은 욕구 불만이나 사소한 스트레스에도 크게 흥분하거나 동요했으며 또래 집단 이외의 원숭이에게는 지나치게 공격적이었다.

인간에게도 유사한 사례가 있다. 1945년 나치 강제수용소에서 6명의 3세 유아들이 발견되었다. 이 유아들은 약 2년 전 각자의 부모가 사망한 뒤 '**부모 없는 아동을 위한 병동**'에 배치된 뒤 최소한의 보살핌만 받으며 그들끼리 성장했다. 지그문트 프로이트(Sigmund Freud)의 딸이자 심리학자인 안나 프로이트(Anna Freud)와 소아과 의사인 소피 댄(Sophie Dann)은 제2차 세계 대전이 종료된 이후 이 유아들에게 특수 재활 치료를 제공했다. 치료가 시작되었을 때, 아이들은 장난감을 부수거나 가구를 망가뜨리는 등 공격적으로 행동했으며 성인 직원을 무시하거나 적대적으로 대했다. 그러나 서로에 대해서는 강한 애착을 보였고 잠시 떨어져 있으면 매우 불안해하며 괴로워했다.

이후 이들은 어떻게 되었을까? 1983년 심리학자 윌라드 하트업이 성인이 된 이들을 인터뷰했는데 **적절한 재활 치료** 덕분에 일반적인 모습으로 살고 있었다.

엄청나게 어색하고 불편할 거야. 무작정 따라 하겠다는 건 아닌데, 따라 하지 않으면 오히려 눈에 띄어서 고민이라고?

청소년기에 또래 집단의 위력은 정말이지 대단해. 옷차림, 두발, 장신구, 신발, 디지털 기기, 좋아하는 대중문화와 연예인, 즐기는 음악, 말투와 표현……. 머리부터 발끝까지, 외양에서 내면까지 청소년은 자신과 또래 집단을 일치시키려는 경향이 매우 강해. 이처럼 또래 집단의 행동 규범이나 결정에 따르려는 경향을 또래 동조성이라고 해.

브랜드에 대한 개념이 생기는 것도 이 무렵이야. 유명 브랜드를 선호하고 그중에서도 또래 집단이 선호하는 브랜드를 특별히 더 선호해. 심할 때는 특정 브랜드에서 나오는 특정 디자인 혹은 특정 제품을 선호해서 청소년들이 모두 같은 옷을 입고 다닐 정도야.

한때 우리나라에서 특정 브랜드의 패딩 점퍼가 대단히 유행해서 엄

청나게 많은 청소년들이 입고 다닌 적이 있어. 부모들이 뒷모습만으로는 우리 아이를 찾을 수가 없다고 우스갯소리를 할 정도였지. 청소년의 특성답게 역시나 그 제품에 대한 인기가 곧 시들해졌고 자녀들이 입지 않고 옷장 안에 넣어 두자 이번에는 아버지들이 그 옷을 꺼내 입기 시작했어. '부모 등골 브레이커'라는 별명이 있을 만큼 비싼 제품이었거든. 그러자 이번에는 직장인들 사이에서 점심시간이면 우리 팀장님을 찾을 수가 없다는 농담이 돌았어.

또래 동조성은 또래 집단의 기준이나 규범에 동의하고 이를 바탕으로 행동하는 과정에서 나타나. 또래 동조성의 발달에 대한 연구를 종합하면 또래 동조성은 유아기부터 나타나고 나이에 따라 조금씩 변화해. 흥미로운 것은 친사회적 행동에 대한 또래 동조성은 연령에 따라 거의 변하지 않지만 반사회적 행동에 대한 또래 동조성은 사춘기에 진입하면서 크게 증가했다가 16세(고등학교 1학년) 즈음부터 감소한다는 사실이야. 거의 모든 연구에서 13~15세(중학교)에 또래 동조성이 최고조에 이르는 것으로 나타나지. 이 시기의 청소년들은 어떤 행동이든 또래 압력을 매우 강하게 받고 또래 집단에서 소외되는 것보다 더 무서운 일은 없다고 생각하는 경향이 강하단다.

중학생 시기에 또래 동조성이 가장 높고 고등학생이 되면서 감소하는 이유는 무엇일까? 교육학자와 심리학자들은 청소년 중기에 접어들면서 청소년들이 자율성을 상당히 정립하고 자기 결정력이 증가하기 때문이라고 설명해. 뇌 과학자들은 뇌의 재구조화가 일단락되면서 전두엽이 기능하기 시작하고 이에 따라 이성적·합리적 의사 결정이 가능해지기 시작했다고 설명하고. 재미있지 않아? 학자들이 자신의 전문 분야에 따라 같은 이야기를 조금씩 다르게 하잖아.

청소년 집단 폭행 사건의 주요 원인으로 전문가들은 또래 동조성을 꼽는다. 가해자 개인의 심리 측면에서는 단체 행동이 책임을 분산시켜서 죄책감을 덜 느끼고 처벌에 대한 두려움도 약해지는 반면, 피해자의 고통에는 둔감해진다. 이에 따라 폭력성이 더 강해질 수 있다.

또래 동조성은 작게는 유행을 좇는 것에서 멈출 수도 있지만 심각하게는 청소년 비행과 범죄처럼 부정적인 영향을 미치기도 해. 그럼에도 또래 동조성은 청소년기 자율성 발달에 필수적이야. 청소년은 부모로부터 독립하려 노력하지만 아직 미흡한 상태라서 독립성을 확립하기 전까지 안정감을 제공받을 대상이 필요해. 이때 또래 집단이 안정감과 함께 행동 규범이나 기준을 제공해. 또래 집단의 규범은 다른 사람을 거울삼아 자신을 평가하는 사회적 비교가 자연스럽게 일어나도록 유도하면서 자아 정체감 형성을 돕지.

청소년기 친구와 또래 관계의 영향은 여기서 그치지 않아. 이후 직업과 사회생활 적응에 지대한 영향을 미쳐. 친구와 또래를 통해 대인 관계뿐 아니라 소속 집단 내 역할 수행을 훈련하기 때문이야. 어때? 친구, 정말 중요하지?

어른들은 흔히 좋은 친구를 사귀라고 말하지만, 나는 그런 말 하지 않으려 해. 너야말로 잘 알겠지만, 나는 그 말이 정말 싫었거든. '차라리 부모님, 선생님 마음에 드는 친구를 사귀라고 솔직하게 말씀하세요.'라면서 속으로 빈정거리기도 했지.

그 대신 나는 네가 먼저 '괜찮은' 친구가 되도록 노력하라고 조언할게. 친구나 또래를 존중하되 무작정 따라 하지 않기, 부적절하거나 부당한 또래 압력 이겨 내기, 친구나 또래와 활동할 때 협력하기, 공동 활동에서 맡은 역할을 충실하게 수행하기, 아닌 것은 아니라고 친구에게 솔직하게 이야기하되 설득력 있고 예의를 지켜 말하기, 그리고 필요할 때 어른들에게 도움 청하기……. 그래, 맞아. 특별할 것 하나도 없고 오히려 고리타분해. 반면 실천하기는 무척이나 힘들고. 그러나 이 특별할 것 없는 행위를 해 나가다 보면 너는 어느새 괜찮은 친구가 되어 있을 거야. 그리고 누구인지 콕 찍어 말해 줄 수는 없지만 이삼십 년 뒤에도 좋은 친구를 곁에 두고 있을 거야.

7장

사랑이 어떻게 변하니!

× × ×

사랑과 연애

"사랑을 했다~ 우리가 만나~

지우지 못할~ 추억이 됐다~

볼만한 멜로드라마~

괜찮은 결말~

그거면 됐다~ 널 사랑했다~"

……진짜???

사랑을 했다~ 우리가 만나

지우지 못할 추억이 됐다

볼만한 멜로드라마

괜찮은 결말

그동안 네 덕에 많이
성장했어. 고맙다.
잊지 못할 거야.

그거면 됐다

공부 열심히 해.
대학 가서 만나자.

안녕,
내사랑

니가 뭔
공부를...

널 사랑했다

먹튀당한
기분이야
으흐흑.

걔 말대로
대학 가서
만나면 되잖아?

힘내

~는 개뿔!!!

거짓말이야.
지금
지영이랑
사귄대.

뭐?! 이 나쁜X!

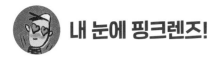

내 눈에 핑크렌즈!

어떻게 사랑이 변하냐고? 무슨 말이야, 사랑은 변하지. 언제, 누가 먼저 변할지 예측할 수 없는 사랑. 먼저 사랑한 사람이 더 오래 사랑한다는 보장이 없고 나중에 사랑한 사람의 마음이 더 깊지 말라는 법도 없는 사랑. 이루어지기도 어렵고 지키기도 어렵지만 끝나기는 쉬운 사랑. 사랑은 어떻게 시작되어 어떻게 변하고 또 어떻게 끝나는 것일까? 우리 이번에는 사랑과 연애에 대해 이야기해 보자.

오랫동안 사랑은 시인을 포함한 예술가들의 관심사이자 창작의 소재이면서 작품의 주제였어. 수많은 영화와 드라마, 대중가요가 사랑을 다루고 있는 것만 보아도 그렇지. 그러다 20세기 중반 무렵 심리학자와 교육학자들이 사랑, 정확하게는 애착에 관심을 갖기 시작했어. 인류학자와 과학자들이 사랑을 연구하기 시작한 것은 1990년 전후야. 살아 있는 뇌를 관찰할 수 있는 첨단 과학 기술이 발달하면서 사랑이 신체, 그중에서도 뇌에 어떤 변화를 주고받는지 탐색할 수 있게 되었어. 그 덕분에 사랑의 비밀이 속속 밝혀지고 있지.

지금까지의 연구 결과에 따르면 사랑, 특히 첫눈에 반하는 사랑은 눈에서 시작해. 매력적인 이성, 마음에 드는 이성을 처음 발견하는 신체기관이 눈이기 때문이야. 매력적인 이성을 발견하는 순간을 떠올려 보렴. 자신도 모르게 그 사람에게 시선이 향하고 눈을 뗄 수가 없잖아. 뚫어지게 쳐다볼 수 없는 상황일 때는 흘끗흘끗 자꾸 훔쳐보게 되고.

매력적인 이성에 대한 시각 정보는 시신경을 타고 뇌로 전달돼. 곧 뇌에서는 노르에피네프린이 분비되지. 신경 전달 물질이자 호르몬인 노르에피네프린은 심장 박동과 호흡을 촉진해. 즉, 심장이 빨리 뛰면서 가슴이 두근거리고 혈압이 높아지며 호흡이 가빠지고 땀이 나. 어때, 첫눈에 반하는 순간 몸에서 일어나는 변화와 똑같지?

갑자기 아무 소리도 들리지 않으면서 오로지 그 사람만 보였다, 그 사람 얼굴에서 환한 빛이 났다, 후광이 비쳤다, 우주에 나와 그 사람만 존재하는 것 같았다……. 첫눈에 반하는 경험은 매우 강렬해서 대부분의 연인들이 그 순간을 매우 생생하게 기억해. 또 이 '사건'이 매우 갑작스럽고 순식간에 벌어짐에 따라 '운명'이라고 느끼지. 첫눈에 반하는 쪽은 여성보다는 주로 남성인데 이는 사랑에 빠지는 순간에 입력되는 주요 정보가 시각 정보여서야. 여성에 비해 남성은 얼굴에 대한 정보를 처리하는 뇌 부위 활동이 활발하거든.

첫눈에 반하는 시간은 짧게는 1~2초에서 길게는 1분~1분 30초로 알려져 있어. 정확한 시간을 알기 어려운 까닭은 개인마다 차이가 있어서이기도 하지만 실제로는 첫눈에 반하는 순간, 사랑에 빠지는 순간을 정확하게 포착해서 측정하는 것이 불가능하기 때문이야. 작정하고 첫눈에 반하는 사람이 없을뿐더러 첫눈에 반하는 바로 그 순간에 최첨단 과학 기기 안에 재빠르게 들어갈 수도 없으니까. 대신 과학자들은 연인들에게 첫눈에 반하던 순간을 떠올리게 하는 방식으로 연구를 수행해.

이처럼 누군가는 번개에 맞은 듯 사랑에 빠지지만 또 어떤 이는 사랑에 빠지는 데 꽤 많은 시간이 필요해. 학창 시절 내내 친구로 지내다 어느 날 그냥 좋아졌다는 이도 있고, 힘들 때 곁에 있어서 사랑하게 되었다는 연인도 있고, 연인의 따뜻한 성품에 가랑비에 옷 젖듯 사랑하게 되었다는 사람도 있어. 사랑 연구에 대한 세계적 전문가이자 인류학자인 헬렌 피셔(Helen Fisher)가 미국인을 대상으로 실시한 조사에 따르면 약 10%의 연인이 첫눈에 반한 것으로 나타나. 이는 90%의 연인은 사랑을 시작하기까지 시간이 걸렸다는 뜻이기도 하지. 사랑을 연구하는 과학자들은 사랑과 관련된 뇌 부위는 언제든 활동을 시작할 수 있고 그래서 사랑하기에 늦은 나이는 없다고 강조해.

우리는 흔히 첫눈에 반한다, 사랑에 빠진다, 사랑하게 되었다, 사랑한다는 표현을 구별해서 사용해. 모두 사랑에 대한 표현이지만 어감에 차이가 있지. '첫눈에 반한다'와 '사랑에 빠진다'는 이제 막 연애를 시작한 연인에게 사용하는 반면, 자녀를 낳고 오랫동안 함께 살아가는 부부에게는 좀처럼 사용하지 않지. 사랑 연구자들도 유사해서 사랑에 빠졌다는 표현은 열정에 가득 찬 사랑(낭만적 사랑)을 가리킬 때 사용해. 그러다 시간이 흐르면 '여전히 좋지만 예전과는 무언가 다른' 상태가 돼. 사랑 연구자들은 이것을 '사랑한다'고 말해.

상대의 행동을 따라 하거나 자신도 모르게 똑같이 행동하는 것은 마음이 몸으로 전달된 것으로 '동의'를 뜻한다. 인간은 다른 사람의 기분이나 감정을 이해하고 공감할 때 신체적으로 유사해진다. 미국 캘리포니아 버클리대학교 심리학과 교수 로버트 레벤슨(Robert Levenson)은 대화하는 연인들의 심장 박동, 혈압 등을 측정했다. 그 결과 다정하게 대화를 나누고 있는 연인들은 움직임뿐 아니라 심장 박동, 혈압, 땀 분비, 뇌파까지 거의 동일하게 나타났다.

그렇다면 인간은 얼마나 긴 시간 동안 사랑에 빠질 수 있을까? 사람마다 다르고 동일한 사람이라도 경우에 따라 다르지만, 아쉽게도 열정적인 사랑은 30개월을 넘기지 못하는 것으로 알려져 있어. 대개 연애를 시작하고 6~8개월 정도 지나면 연애 초기에 비해 열정이 절반 수준으로 떨어지고 아무리 길어도 18~30개월 정도가 되면 열정이 크게 줄어들어.

그래서 이 시기가 되면 일상의 거의 전부를 연인에게 맞추던 초기와는 달리 자신의 일상을 회복하고, 연인 생각에 잠을 설치던 증상이 사라져 푹 잘 수 있지. 무조건 옳고 유쾌하고 귀엽던 연인의 말과 행동을 차분히 이성적으로 분석하고 가릴 것을 가려서 받아들일 수 있어. 흔히 '콩깍지', 사랑 연구자들은 '핑크렌즈 효과'라고 부르는 현상이 사라지는 것인데 이는 뇌의 피질화(Corticalization) 때문이야. 뇌는 익숙하지 않은 대상이나 활동에 대해서는 에너지를 많이 소모해. 해당 대상에 집중하거나 활동을 수행하기 위한 신경 세포 망을 새롭게 구축하기 때문이야. 그러다 어수선하던 신경 세포 망이 정리되면 에너지를 적게 소모하고 덜 집중해도 활동이 가능해진단다. 자동차 운전, 자전거 타기, 요리 등을 떠올려 보렴. 핑크렌즈 효과는 연애 초기에 연인에게 집중하기 위한 뇌의 전략인 셈이지.

사랑의 열정이 사그라진다니 어쩐지 아쉽지? 뒤에서 더 자세히 이야기하겠지만 과학자들은 열정의 소멸을 아쉬워하지 말라고 위로해. 사랑의 열정은 줄어들지만 사랑은 지속될 수 있을 뿐 아니라 더 나은 관계를 만들어 나갈 수 있다고 설명한단다.

사랑의 3단계, 나는 어디쯤?

인류학자 헬렌 피셔는 남녀의 사랑은 3단계를 거친다고 보았어. 단계에 따라 사랑의 정서가 다르다는 주장인데, 실제로 각 단계에 따라 주로 반응하는 뇌 영역과 인체 화학 물질(호르몬, 신경 전달 물질)도 달라.

피셔가 주장하는 첫 번째 단계는 갈망(lust)이야. 갈망 단계에서는 성호르몬인 테스토스테론과 에스트로겐이 다량 분비돼. 테스토스테론은 성적 흥분을 일으키는 대표적인 호르몬이야. 사춘기에 들어서면 남성의 고환에서는 이전의 약 50배에 달하는 테스토스테론이 분비돼. 테스토스테론은 에너지를 증가시켜 활동량을 늘리고 행복감을 느끼게 해.

남성에게 테스토스테론이 있다면 여성에게는 에스트로겐이 있어. 에스트로겐은 배란과 월경을 조절하고 여성의 성욕에 관여해. 이처럼 갈망은 성적 욕구와 매우 밀접하지. 피셔는 갈망 단계를 감정이 없어도 성관계가 가능한 상태로 보았어.

두 번째 단계는 끌림(attraction)이야. 끌림 단계는 사랑에 빠진 상태, 즉

낭만적 사랑과 밀접해. 오직 연인 생각뿐, 잠도 안 오고 식욕도 떨어져. 끌림 단계에서는 노르에피네프린, 도파민, 세로토닌이 영향을 미쳐.

노르에피네프린은 심장 박동과 혈압을 촉진한다고 바로 앞에서 이야기했지? 도파민이 쾌락과 밀접하다는 것도 알 테고. 도파민이 분비되면 에너지가 넘치고 흥분하며 집중력이 생기면서 즐거움과 만족감을 느끼고 기분이 좋아져. 세로토닌은 기분을 조절하고 식욕, 수면, 근육 수축에 관여해. 사고력과 기억력에도 영향을 미치지. 세로토닌은 일시적이지만 극적인 흥분 상태를 유발해. 세로토닌 또한 만족감과 행복감을 느끼게 하는데 도파민과 결합되어 욕망을 부추기지. 반면 세로토닌이 모자라면 우울감, 불안감이 생겨.

끌림 단계에서는 세로토닌이 감소해. 그래서 사랑에 빠지면 기분이 좋고 황홀하기도 하지만 동시에 불안하고 괴롭기도 하단다. 사랑에 빠진 사람의 뇌는 강박증 환자의 뇌와 아주 비슷해. 그래서 반복해서 손을 씻고 계속해서 가스 밸브를 확인하는 강박증 환자처럼 사랑에 빠진 사람은 연인 생각을 떨쳐 버릴 수가 없어.

세 번째 단계는 애착(attachment)이야. 애착은 안정감이 주된 정서로 오래된 연인이나 부부 사이에 나타나. 만일 결혼하지 않았다면 결혼으로 발전할 가능성이 높아. 애착 단계의 주요 화학 물질은 옥시토신과 바소프레신이야. 옥시토신은 출산이나 수유할 때 분비되는 호르몬으로 아기와 엄마의 공감과 결합을 도와. 옥시토신은 만지고 쓰다듬고 포옹하게 만들어서 '포옹 호르몬(Cuddling Hormone)'이라고도 불러. 연인들이 손을 잡거나 껴안으면 옥시토신 수치가 올라가고 로맨틱한 영화나 장면을 봐도 옥시토신 수치가 올라가.

옥시토신이 여성과 밀접하다면 바소프레신은 남성과 가까워. 바소프레신은 남성의 바람기를 잠재우고 한 여성에게 집중하게 만들어. 바소프레신과 관련된 유명한 실험이 있지. 미국 초원 들쥐와 목초지 들쥐는 유전적으로 매우 가까운데 초원 들쥐는 일부다처제, 목초지 들쥐는 일부일처제야. 두 들쥐의 생물학적 차이는 바소프레신 수용체로 밝혀졌어. 초원 들쥐 수컷의 뇌에는 바소프레신 수용체가 없어서 바소프레신이 분비되어도 뇌에서 받아들이지 못해. 과학자들은 초원 들쥐의 뇌가 바소프레신을 수용할 수 있도록 유전자를 변형했어. 그러자 초원 들쥐 수컷은 특정한 암컷 한 마리에게만 애정을 나타내면서 성실한 가장으로 변했고 암컷과 함께 성실하게 새끼를 돌보았지.

헬렌 피셔는 갈망, 끌림, 애착이 서로 다르고 진화 과정에서도 다른 목적이 있다고 보았어. 갈망은 상대, 특히 짝짓기 상대를 찾는 데 목적이 있고 끌림은 한 번에 한 사람에게 집중하기 위함이야. 애착은 동반자를 찾아 짝을 이루고 자녀를 양육하는 동안 협력하는 것이 목적이지.

미국 코넬대학교 인간행동연구소 교수 신시아 하잔(Cynthia Hazan)은 연인 사이의 열정이 감소하는 이유를 자녀 양육으로 설명해. 부부가 뜨겁게 사랑하느라 아기를 소홀히 한다고 상상해 봐. 자녀를 성공적으로 양육하기 위해 남녀는 공동체가 될 수밖에 없고 그러려면 상대에 대한 몰입과 뜨거운 열정보다 믿음직하고 편안한 동반자 관계가 유리하지. 사랑의 시작, 임신, 출산에 걸리는 시간이 평균 18~30개월인 것도 열정의 지속 기간과 일치해. 즉, 인류는 진화 과정에서 자녀에게 몰입하기 위하여 열정의 감소와 애착의 증가를 선택했다는 거야.

또 하잔은 연인들에게 연애 1년 후가 고비라고 조언해. 연애를 시작하고 8개월~1년 정도 지나면 연애 초기보다 열정이 50% 정도 감소하고 이후에도 계속 낮아지지만 반면 애착이 생기기 시작하거든. 그래서

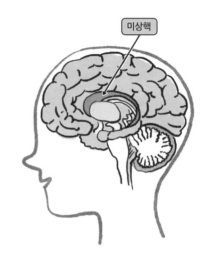

미상핵

열정이 감소하고 애착이 생기기 전인 연애 후 1년이 고비인 것이지. 이 시기를 넘기지 못하면 이별할 가능성이 높아. 그렇다면 오래된 연인은? 열정이 빠져나간 자리를 애착이 채우면서 관계가 안정돼. 단, 여기에도 예외가 있어. 열정의 지속 기간은 사람에 따라 다를 수 있고 사춘기 청소년은 열정의 지속 기간이 더 짧다는 사실. 그래서 청소년기에는 두세 달, 길어야 6개월을 넘겨 사귀기가 쉽지 않아.

사랑의 변화는 뇌에서도 확인돼. 우리 뇌에는 사랑하는 사람의 얼굴에만 반응하는 부위가 있어. 바로 미상핵이야. 미상핵은 뇌 안쪽(기저부)에 위치한 부위로 길죽한 C자 모양이야. 뇌는 안쪽(기저)에서 바깥쪽(피질)으로 진화했어. 그래서 기저에 있을수록 본능 관련 역할을, 피질에 가까울수록 이성 관련 역할을 해. 미상핵은 뇌의 진화 단계에서 원시 뇌, 즉 파충류의 뇌에 속해 있어. 미상핵은 변연계와 함께 보상 체계에 해당하지만 변연계보다 더 본능적이야. 결국 연인의 얼굴을 보았을 때 미상핵이 활성화되었다는 것은 사랑이 보상이고 본능이라는 의미야.

💬❓ 사랑의 복합성

사랑은 뇌의 여러 영역을 활성화 상태로 만든다. 특히 감정을 관장하는 뇌 부위보다 욕구나 동기를 관장하는 부위의 활동을 더욱 부추긴다. 그래서 사랑은 한 가지 감정이 아니라 기쁨, 황홀함, 질투, 의심, 슬픔, 갈망 등 온갖 감정과 격정적인 반응으로 이루어진다.

흥미로운 것은 사랑의 열정이 감소하고 애착이 증가하는 시기가 되면 미상핵의 활성은 떨어지는 반면, 전두엽과 측두엽을 포함한 대뇌 피질의 활성은 증가한다는 사실이야. 그래, 맞아. 시간이 흐름에 따라 사랑이 본능적인 측면에서 이성적인 측면으로 움직인 것이지.

헤어지면 진짜 심장이 아프던데?

인간은 사랑 없이 살 수 없지만 사랑은 정말이지 힘들고 어려워. 보답받지 못하는 사랑, 짝사랑은 무엇보다 고통스럽지. 아쉽게도 짝사랑은 고백해서 연인으로 발전하거나 포기하는 것 외에 방법이 없어.

그러나 사랑을 시작했다고 해서 고통이 끝나지는 않아. 이탈리아 피사대학교 의과대학 교수 도나텔라 마세라티(Donatella Maserati)는 사랑을 일종의 강박 상태라고 이야기해. 사랑에 빠진 연인은 세로토닌이 평상시의 절반 수준으로 감소하는데 이는 강박증 환자와 비슷해. 조금 전에 헤어졌는데도 보고 싶고, 그리운 마음에 잠 못 들고, 만나지 못하면 그리움이 사무쳐 일이 손에 잡히지 않고……. 혼란스럽고 힘들고 정상에서 벗어난 상태야.

사랑은 내 편이 생겼다는 든든함과 같은 정서적·사회적 지원을 제공하고 기쁨과 유쾌함을 느끼게 하며 활력이 넘치게 하지. 면역력도 강해져. 반면 사랑은 스트레스를 유발하고 감정 소모도 적지 않아.

영국 랭커스터대학교 교수 케리 쿠퍼(Cary Cooper)는 사랑의 단계에 따라 스트레스가 달라진다고 주장해. 쿠퍼에 따르면 첫 번째 단계에서는 스트레스가 아주 높아. 이제 막 연애를 시작해서 한창 좋은 시기이지만 관계가 불안정한 데다 연인에게 잘 보이고 싶은 마음도 크기 때문이야. 연인의 말이나 반응에 촉각을 바짝 세우고 긴장하며 연인에 대한 정보를 계속 수집해. 또 연인이 좋아하는 것은 무엇이든 받아들이고 같이 좋아하려고 갖은 애를 써. 연인의 이상형이라 예상되는 모습을 자신의 마음속에 그리고 그 모습이 되려고 무척이나 노력해. 연인이 나를 받아들이는 것인지, 내가 잘하고 있는 것인지 등을 계속 평가하고 확인해야 하니 긴장을 늦출 수 없어. 무엇보다 자신의 본모습이 아니라 연인의 성향이나 기호에 맞춘 모습이기에 스트레스가 높을 수밖에 없어.

두 번째 단계에 진입하면 스트레스가 약간 감소해. 연인의 욕구를 충족시킬 수 있는 가능성을 확인했기 때문이야. 연인이 자신의 장점과 단점을 모두 받아들이고 있음을 알기에 어느 정도 자신의 본모습을 드러낼 수 있어. 계속 유지해 나갈 관계인데 언제까지 본모습을 숨길 수는 없으니까. 하지만 자신의 솔직한 감정과 행동에 대해 연인이 어떻게 반응할지 아직 확신할 수는 없어서 스트레스가 발생해. 이때 연인이 서로의 솔직한 감정과 행동을 받아들이면 세 번째 단계로 진입할 수 있어.

세 번째 단계는 본모습에 대한 완전한 포용으로 서로의 장점과 단점을 모두 인정하고 받아들이는 단계야. 매우 긍정적이고 따라서 스트레스도 감소해. 그러나 세 번째 단계에서도 자녀가 태어나거나 상황이 변하면 스트레스는 오르락내리락할 수 있어.

그러나 무엇과도 비교할 수 없는, 가장 힘든 일은 이별이야. 과학자들은 이별의 과정 역시 연구했어. 이별, 그러니까 실연은 크게 두 단계를 거쳐.

첫 번째 단계는 항의야. 이 단계에서는 연인의 변심을 받아들이지 못하고 이별을 막기 위해 여러 방법을 찾아내고 실행에 옮겨. 연인이 좋아하는 옷차림을 하거나 연인의 학교나 직장, 집 앞에서 무작정 기다리기도 해. 연인이 자주 가는 장소 근처에서 우연인 척 만남을 시도하기도 하고 직접 찾아가 매달리거나 떼를 쓰기도 하지. 친구들에게 도움을 요청하기도 하고 연인의 SNS를 훔쳐보거나 연인과 주고받은 메시지를 계속 다시 읽기도 해. 안타깝게도 이별을 받아들이지 못하는 연인 쪽에서는 자신이 무엇을 잘못했는지, 무엇이 어디부터 잘못된 것인지 끊임없이 되새기고 어떻게 해야 연인의 마음을 돌릴 수 있을지 계속 궁리해.

항의 단계에서는 좌절에 의한 끌림과 공격성이라는 두 가지 감정 반응이 나타나. 좌절에 의한 끌림은 변심한 연인에 대한 마음이 더욱 깊어지는 것으로, 인간은 누군가에게 버림받으면 자신을 버린 그 사람을 일시적으로 더욱 사랑하게 돼. 과학자들은 이 딱하고 가혹한 현상을 뇌의 보상 체계와 도파민으로 설명해. 열정적인 사랑의 과정에서 샘솟던 도파민과 이로 인해 마음껏 활성화되었던 뇌 보상 체계가 사랑이 끝나면 같이 잠잠해져야 하는데 그렇지 못해. 사랑으로 인한 보상이 사라지면서 뇌의 보상 체계는 금단 현상에 시달리게 되거든. 중독에서 자세하게 설명한 적이 있듯이, 금단 현상은 어떤 물질이나 자극, 활동이 중단될 때 나타나는 매우 고통스러운 증상이야. 사랑의 종결, 변심과 이별에 따른 절망과 좌절에 의한 끌림은 열정의 강도가 클수록 크단다.

그래서 일부 과학자들은 사랑을 중독으로 간주해. 뇌 과학자이자 미국 국립약물남용연구소(National Institute on Drug Abuse) 소장인 노라 볼코(Nora Volcow)는 사랑에 빠진 사람과 마약 중독자의 뇌 활동이 깜짝 놀랄 만큼 유사하다고 강조해. 연인을 그리워할 때 혹은 연인과 헤어졌을 때의 고통이 마약 중독자가 마약을 복용하지 못했을 때와 비슷한 현상인 셈이지.

두 번째 반응인 공격성은 버림받았다는 사실에 분노가 치솟으면서 나타나. 공격성 역시 금단 현상, 보상 체계와 관련이 깊어. 뇌의 보상 체계는 더 이상 보상이 없음을 깨달으면 변연계의 일부인 편도체가 활성화되거든. 편도체는 기억, 학습, 동기, 감정과 관련된 정보를 처리하고 분노, 공포와도 밀접해. 요약하자면, 항의 단계에서는 끌림이 더욱 강해짐과 동시에 분노가 강해져. 사랑과 관련된 뇌 부위와 분노와 관련된 뇌 부위가 일부 연관되어 있거든. 그래서일까. 사랑의 반대는 분노나 미움이 아니라 무관심이라고 하잖아.

실연의 두 번째 단계는 체념과 절망이야. 이별의 첫 단계에서 들끓던 감정이 차분해지면서 연인의 마음을 되돌릴 수 없음을 인정하고 받아들여. 간혹 몹시 우울해지고 사랑했던 기억이나 추억이 떠오르면서 가슴이 찌릿하지만 견딜 만해져. 이 단계가 되면 실연으로 무너졌던 일상이 어느 정도 되돌아온단다.

심리학자들은 실연을 일종의 격리 상태, 애착하는 상대로부터의 격리 상태로 간주해. 강아지나 새끼 고양이, 새끼 침팬지 등 어린 포유류를 어미에게서 격리할 때도 항의 단계와 절망 단계가 순서대로 나타나. 단기적 격리는 격렬한 반응인 항의를, 장기적 격리는 무기력한 반응인 절망을 유발하지.

항의 단계에서 어린 포유동물은 심장 박동이 증가하고 체온이 높아져. 스트레스 호르몬인 코티솔, 경계심과 활동성을 증가시키는 호르몬인 카테콜아민의 수치가 올라가. 카테콜아민이 증가하는 까닭은 어미를 찾을 때까지 잠이 들면 안 되기 때문이야. 잃어버린 어미를 찾기 위해 부산하게 움직이고 시끄럽게 울어야 하니까. 코티솔의 수치도 폭발적으로 증가하는데 일부 포유동물은 격리 후 30분이 경과하면 코티솔이 6배까지 증가해. 이는 격리, 즉 관계의 단절이 급격하고 혹독한 신체적 긴장 상태로 이어짐을 뜻해. 어린 포유동물이 안절부절못하고 쉬지 않고 돌아다니며 낑낑대고 바닥을 긁어 대듯, 헤어진 연인은 잠을 이루지 못하고 뒤척이고 사진을 들춰 보고 눈물 흘리는 것이지.

격리가 지속되면 어린 포유동물은 절망 단계에 돌입해. 절망 역시 지속적인 생리 및 신체 변화를 일으켜. 어미를 찾아 돌아다니고 낑낑대며 울기를 중단하고 풀이 죽은 표정으로 웅크리고 눕거나 엎드려. 잘 마시지도 않고 먹지도 않는 등 음식에 관심을 보이지 않고 평소에 좋아하던 장난감이나 놀이 친구를 주어도 멍하니 쳐다보거나 곧 고개를 돌려 버려. 불쌍하고 애처롭지.

절망 단계에서는 거의 모든 신체 활동이 저하돼. 심장 박동이 떨어지고, 규칙적인 심장 박동 사이사이에 비정상적 심장 박동이 섞여 들어가. 수면에도 변화가 일어나서 꿈이나 렘수면이 줄어들면서 잠이 얕아지고 한밤중에 여러 차례 깨어나. 잠을 자긴 자지만 깊이 자지 못하는 상태가 돼. 혈액 속 성장 호르몬 수치가 급격히 떨어지고 면역 기능도 감소해.

이별을 맞이한 인간도 비슷해. 꼼짝하기도 싫은 무기력 상태, 연인을 제외한 다른 대상이나 활동에 대한 무관심, 식욕 저하와 음식 섭취 거부, 사람들과의 접촉이나 의사소통을 피하고 싶은 마음, 세상이 냉혹하게 느껴지는 등의 감정이

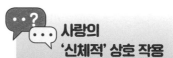

사랑의 '신체적' 상호 작용

연인은 물론 사랑하는 사람들 사이에는 많은 것이 연결되어 있다. 사랑하는 사이끼리는 감정뿐 아니라 신경 및 생리 작용, 호르몬 수치, 면역 기능, 수면 리듬, 심리적 안정 상태 등에 대한 영향을 주고받는다. 이러한 영향은 변연계 조절을 통해 일어난다.

계속 일어나. 이와 같은 상태가 계속되면 청소년은 물론 성인도 면역 기능, 심장 혈관 기능, 호르몬 등이 교란돼. 그래서 이혼이나 사별이 질병이나 죽음으로 이어지기도 하는 거야.

실연이 실제로 심장 기능에 악영향을 줄 수 있다는 연구 결과도 있어. 네덜란드 암스테르담대학교와 레이든대학교 공동 연구 팀은 실연의 고통이 심장 박동의 저하를 유발하고 회복되려면 시간이 필요하다는 사실을 증명했어. 정신적 고통과 신체적 고통이 뇌의 신경 통로를 공유하고 있기 때문이라고 설명했지. 실연으로 인한 정신적 고통을 뇌가 신체에 전달하면서 실제로 심장에 영향을 준다는 거야. 이별이 인체의 부교감 신경에 영향을 미치면 혈관이 확장하고 심장 박동은 감소하는데 이때 실제로 심장에 통증이 유발될 수 있다고도 덧붙였어. 이별 때문에 가슴이 아프다, 심장이 조각나는 것 같다는 표현이 단지 비유만은 아닌 셈이야.

누구나 한번쯤은 실연을 겪어. 사랑만큼 실연도 보편적인 경험이야. 아프고 쓰리고 괴롭지만 잘 견뎌 내면 더 나은 사람이 되니, 실연 또한 인생의 약이라고 받아들이는 수밖에 없겠지.

 ## 공감! 사랑의 절대 조건

인간의 사랑은 다른 포유동물과 비슷한 측면도 있고 다른 측면도 있어. 어쩌면 인간의 사랑이 다른 동물과 가장 다른 점은 부모가 자녀의 사랑과 연애에 무척이나 관심이 많다는 점일지도 몰라. 네 불만, 다 들리거든? 어렸을 때는 행여 이성 친구라도 사귈까 걱정하다가 어느 순간 갑자기 결혼은 언제 할 거냐고 재촉한다 이거지? 어른들은, 부모님은 대체 왜 그러는 걸까?

일반적으로 부모들은 청소년 자녀의 연애에 전적으로 긍정적이지는 않아. '부분적 찬성'이라고나 할까? 우선 부모님은 자녀가 학업을 소홀히 하지는 않을까 걱정하고 무엇보다 지나친 스킨십이나 성관계로 발전할까 염려하지. 이러한 부모의 염려를 자녀는 자신에 대한 불신이나 지나친 간섭으로 받아들여. 나는 부모님의 반응이 불신이나 간섭이 절대 아니라고는 말하지 않겠어. 다만 부모의 경험에서 나온 걱정이 더 크다고 이야기하려고 해. 부모도 태어날 때부터 부모는 아니었거든. 유아기, 아동기, 청소년기를 모두 거쳐서 오늘에 이르렀고 지금 자녀들이 겪는 일들을 거의 다 겪었기 때문에 '아는 만큼' 걱정이 앞서는 것이지.

대체로 성인들은 청소년은 아직 순진하고 경험이 부족하며 경우에 따라서는 상당히 무모해서 중요한 결정을 온전히 맡길 수 없다고 생각해. 연애는 매우 중요한 사안이라서 더 관심을 가질 수밖에 없고.

연애는 걱정도 많고 조심해야 할 일도 많지만 긍정적 측면도 많아. 친구 관계가 그러하듯이 연애도 자아 정체감 형성에 도움을 줘. 특별한 이성 친구와 가깝게 교제함에 따라 자신만의 매력과 가치를 깨달을 수 있는 기회가 지속적으로 제공되거든. 그리고 사회성 발달에도 도움이 된단다. 의사소통이 잘되어야 상대와 친밀한 관계를 유지할 수 있기 때문이야. 또한 나의 욕구와 상대방의 욕구를 조정하고 적절히 거절하는 방법을 배울 수 있어.

무엇보다 연애는 공감 능력 발달에 매우 유용해. 공감은 타인의 느낌, 감정, 기분을 공유하고 타인의 입장을 고려하며 타인을 이해하는 정신적 움직임이야. 공감은 거침없고 즉각적인 감정이며 포유류가 타고나는 기본적 자질이야. 인간은 포유동물 중에서도 공감 능력이 특별히 발달했어.

모든 인간은 공감 능력을 갖고 태어나고 성장하면서 계속 발달해. 공감 능력은 성인기가 되어야 비로소 성숙해져. 이는 청소년의 공감 능력이 아직 미숙하다는 뜻이기도 해. 그래서 청소년기에는 오해나 다툼이 많지. 미숙한 공감 능력은 청소년의 연애가 실패하는 원인이 되기도 해. 상대의 감정을 정확하게 읽어야 제대로 공감할 수 있는데 상대가 어떤 감정인지, 무엇 때문에 힘들어하는지 종잡을 수가 없거든. 공감 능력이 미숙하다 보니 교제 상대를 잘못 고르는 일도 흔하지. '마음이 통했다고 생각했는데, 아니었나 봐!'라는 후회는 상대의 감정을 잘못 읽고 잘못 공감했다는 증거야.

그렇다면 과학자들은 무슨 근거로 청소년의 공감 능력이 미숙하다고 판단하는 것일까? 우선 청소년들은 표정 읽기에 서툴러. 하버드대학교 정신과학과 교수 데버라 유젠토드(Deborah Yurgelun-Todd)의 실험 결과에 따르면 청소년은 타인의 표정을 읽는 데 실수가 많은 것으로 나타났어. 걱정하는 엄마의 표정을 보고서 화가 났다고 오해하거나 선생님의 조언을 질책으로 받아들이는 실수가 표정을 잘못 읽었기 때문이라는 거야.

유니버시티칼리지런던 발달인지신경학연구소 교수 사라-제인 블레이크모어(Sarah-Jayne Blakemore)는 상황 질문에 대한 답변을 통해 연령별 공감 능력을 파악했어. 8~37세 112명에게 '너의 친한 친구가 네 생일 파티에 초대받지 못했다면 기분이 어떨까?'라고 묻고 이에 대한 답변과

답변하는 데 걸린 시간을 검토했지. 그 결과 나이가 많을수록 답변 시간이 짧고 타인의 입장과 기분을 쉽게 알아차린다는 것을 알아냈어. 블레이크모어는 아동이나 청소년은 생일 파티에 초대받지 못한 친구의 감정을 파악하는 데 상대적으로 많은 시간이 걸렸는데 이것이 타인의 감정을 파악하고 공감하는 데 어려움을 겪기 때문이라고 해석했어.

과학자들은 청소년의 공감 능력이 미숙한 원인을 타인의 감정을 인식하는 뇌 영역, 의사 결정과 관련된 뇌 영역의 발달이 미숙한 데서 찾았어. 이 부위의 신경 세포와 신경망은 청소년기가 되어서야 발달하기 시작하거든.

인간의 뇌는 표정 및 감정에 대한 구별, 타인에 대한 이해 등 사회적 상호 작용과 관련된 부위가 상당히 넓어. 자신과 타인, 타인과 타인을 구별하고 타인의 감정, 생각, 욕구, 의도를 읽으며 타인의 행동과 상황을 예측하는 네트워크가 형성되어 있지. 블레이크모어를 비롯한 일부 과학자들은 이 부위를 사회적 뇌라고 표현해. 이들은 사회적 뇌가 표정과 몸짓을 통해 타인의 감정이나 기분을 알아차리고, 두려움이나 거부감 같은 강렬하지만 단순한 감정부터 죄의식처럼 복잡한 감정까지 파악할 수 있다고 주장해.

사회적 뇌는 인간의 얼굴과 움직임을 인식하는 능력을 바탕으로 하는데 이 능력은 출생 직후부터 나타나는 것으로 보여. 생후 3개월 된 아기도 인간과 로봇의 움직임을 구분한다는 연구 결과도 있어. 인간은 출생하는 순간부터 얼굴과 표정을 인식하는 것이 거의 확실해. 백일이 안 된 아기들이 위아래가 바뀐 얼굴 사진을 뚫어지게 쳐다보면서 뭔가 이상하다는 표정을 짓거든. 또 아기를 웃게 만드는 가장 좋은 방법이 얼굴 표정을 우스꽝스럽고 재미있게 바꾸면서 어르는 거잖아. 그러나 표정을 정교하게 해석하는 건 청소년기 말이나 되어야 가능해. 사회적 뇌에 해당하는 전두엽, 전측뇌섬엽 등이 청소년기가 마무리될 즈음에야 완성되기 때문이야.

전두엽을 비롯한 사회적 뇌가 발달하기 전에는 주로 변연계가 감정을 담당해. 변연계는 더 작은 몇 개의 부위로 이루어지는데 그중에서도 편도체가 중요한 역할을 하지. 편도체는 소리, 냄새, 이미지 같은 정보를 분석하고 이를 바탕으로 감정을 만들어 내. 그러다 청소년기가 되면 전두엽이 발달하기 시작하면서 편도체와 협업을 시도하고 곧 편도체의 지도자 역할을 하지. 편도체가 먼저 감정을 읽고 생성하지만 이에 대한 판단이나 행동은 전두엽이 결정하는 시스템이야. 그래서 청소년은 타인의 표정을 접했을 때 주로 편도체가 반응하지만 성인은 편도체와 전두엽이 함께 활성화된단다.

 ## 잘 만나고 잘 헤어지는 연습

그렇다면 청소년기에 공감 능력이 본격적으로 발달하기 시작하는 이유는 무엇일까? 과학자들은 그 이유를 생식 및 양육과 관련지어 설명해. 이성에게 호감을 얻기 위해서는 이성의 감정, 기분, 입장 등을 이해해야 하기 때문이야. 자녀를 돌보고 양육할 때도 그렇지. 자녀의 필요와 욕구를 알아차리지 못하면서 적절히 양육하기란 불가능하니까.

인간의 사랑과 성은 자녀의 출산과 양육을 중심으로 진화했다고 보아도 과언이 아니야. 암수가 한 쌍을 이루어 자식을 함께 돌보는 짝 결속(Pair-bonding)은 인간 고유의 특성이야. 진화생물학자들은 인류가 어머니 혼자 자녀 양육에 드는 비용을 감당할 수 없어 짝 결속을 선택하게 되었다고 주장해.

다른 동물에 비하여 인간은 대단히 미숙하고 무기력한 상태로 태어나고 어른으로 성장하는 데도 시간이 많이 걸려. 송아지는 태어나자마자 일어서고 새끼 침팬지는 제힘으로 어미에게 매달리지만 인간의 아기는 생후 100일이 되어야 서서히 목을 가누고 6개월이 지나야 버둥대며 천천히 기기 시작하지. 또 침팬지는 8~10세면 사춘기를 맞아 번식이 가능해지지만 인간은 13~14세는 되어야 사춘기가 시작돼. 어디 그뿐이야? 인간의 청소년기는 특별히 길고 유별나서 사회적 관심사이기도 하지. 말 그대로, 아이들이 잘못될까 봐 어른들이 벌벌 떨잖아. 이처럼 인간은 교육과 사회화에 막대한 노력과 비용을 아낌없이 투입해. 사정이

동갑내기들

죽을 것 같다고? 안 죽어!

청소년의 연애에서 실연은 필수적이지만, 그렇다고 실연이 아프지 않다는 말은 아니다. 실연했을 때 도움이 되는 방법을 소개한다.

❶ **다른 사랑을 찾아라** : 사랑은 보상이다. 보상의 대상이 사라졌으니 다른 보상의 대상을 찾는 방법이다. 다만, 사랑이 필요할 때 사랑을 찾을 수 있을지는 장담할 수 없다. 또 사랑해서 교제하는 것이 아니라 교제 자체를 위해 교제하는 실수를 범할 수도 있으니 조심할 것.

❷ **연인에 대한 기억을 정리하라** : 보상의 대상이 사라지면서 금단 증상에 시달린다. 그리움에 사진을 들춰 보고 연인의 SNS를 훔쳐보는 행동은 그만! 연인과 관련된 사진이나 물건, 흔적은 모두 치우자. 그래야 금단 증상에서 빨리 벗어날 수 있다.

❸ **야외로 나가 운동하라** : 운동은 기분을 전환해 줄 뿐 아니라 엔도르핀과 도파민의 수치를 높인다. 연인에 의해 생성된 도파민은 아니지만 뇌에는 모두 똑같은 도파민이다.

❹ **혼자 있지 말라** : 혼자 있으면 연인 생각이 더욱 간절해질 따름이다. 좋아하는 사람들, 유쾌한 사람들과 시간을 함께 보내고 재미있는 활동을 하라.

이렇다 보니 남녀가 짝을 짓지 않고서는, 짝을 이룬 뒤에도 오랫동안 협력하지 않고서는 자손을 성공적으로 길러 낼 수가 없어. 어때, 부모님을 조금은 이해할 수 있겠어?

연애는 말 그대로 '성(性, sex)'과 관련된 문제가 발생할 수 있어서 조심스러워. 부모가 자녀의 연애에서 가장 경계하는 것도 성과 관련된 문제야. 자녀를 하루 종일 지킬 수도 없고 그저 믿는 것 말고는 방법이 없기에 더 불안해하지. 청소년은 충동성이 강해서 "어……" 하다가 원하지 않는 결과를 낳을 수도 있고. 그래서 자녀 입장에서는 썩 내키지 않겠지만 부모에게 자신의 연애를 적당히 공개하는 것이 좋아. 연애 상대와 무엇을 하며 시간을 보내는지 부모가 알고 있어야 도움이 필요할 때 적절히 도울 수 있거든.

또 연애를 적당히 공개하면 상대를 잘못 선택하는 실수를 막을 수 있어. 연인을 잘못 선택하는 실수는 일생 중 언제나 일어날 수 있지만 청소년기에 특히 많이 발생해. 경험이 많지 않고 타인의 감정이나 의도를 파악하는 데 서툴러서야. 거절하기 어려워서 원하지 않는 교제를 지속하는 경우도 있어. 원하지 않는 스킨십이나 행동을 강요해도 거절하기 어려워하고.

상대가 자신의 거절을 받아들이지 않고 계속 강요한다면 그 관계는 다시 생각해 볼 필요가 있어. 그리고 사랑 연구자들의 조언도 도움이 될 거야. 《사랑을 위한 과학》의 저자 토머스 루이스(Thomas Lewis) 등은 "사랑은 어느 한쪽에만 이익을 주거나 피해를 입히지 않으며 상대방의 요구만을 수용하는 것도 옳지 않고 내 욕구만을 관철시키려는 것도 옳지 않다."라고 강조했어. 잘 거절할 수 있어야 성공적으로 교제할 수 있단다.

청소년 연애의 가장 큰 특징은 강렬하지만 짧다는 것이야. 무시무시하게 타올랐다가 급격히 사그라지지. 이런 특징은 왕성하게 분비되는 성호르몬, 충동성의 증가가 원인이기도 하지만 결혼에 대한 부담이 없어서이기도 해. 그저 교제와 연애가 목적일 뿐이니, 열정(끌림)이 감소할 때 애착을 형성하기 위해 애쓸 필요가 없는 것이지.

이는 청소년의 사랑과 연애에서 이별과 실연은 필수라는 뜻이기도 해. 잘 만나고 잘 헤어지는 연습은 정말이지 중요해. 만나는 동안 최선을 다해 공감하고 적절히 의사소통하며 이별한 뒤에는 예의를 지킬 것. 청소년의 연애는 이후 좋은 연인과 배우자를 만나는 밑바탕이 된단다.

30년 후, 나의 나무 아래서

시간이 멈춘 듯, 이곳은 좀처럼 변하지 않는다. 마을 입구로 들어서는 도로는 예전보다 넓어지고 깨끗해졌지만 마을 뒷산은 여전히 푸르다. 아침 일찍 마을 뒷산에 올라. 내가 태어나는 날 할아버지 할머니가 함께 심었다는 나의 나무 앞에 선다.

오래전 이 나무 밑에서 '나를 이해하는 나'를 만난 뒤, 나는 나를 이해하고 지켜볼 수 있었다. 그저 나의 몸과 마음이 어떻게 변하고 왜 변하는지, 그에 대한 이야기를 들었을 뿐인데 이후 나는 나를 덜 원망하고 더 아낄 수 있었다. 내 몸과 내 마음과 내 주변에서 일어나는 변화를 잘 받아들이고 바라보면서 나는 천천히 어른이 되어 갔다.

내가 '나를 이해하는 나'만큼 나이를 먹은 지금, 아이에서 어른으로 향해 가는 여러분은 또 어떤 고민을 하고 있을까? 그 시절 나와 같은 고민도, 다른 고민도 있을 터. 다만 고민 속에서도 청소년기는 가장 극적이고 강렬하며 생기 넘치는 시기임을 잊지 말기를. 뇌와 육체가 커다란 변화를 겪으며 어른으로 살아갈 경로가 설정되니 질문하고 탐색하며 무엇보다 자신을 사랑하기를.